Farid Touati
Hasan Tariq
Damiano Crescini

Alerta Precoce de Escala Urbana em Tempo Real usando Monitorização Sanitária Estrutural

AF301684

Farid Touati
Hasan Tariq
Damiano Crescini

Alerta Precoce de Escala Urbana em Tempo Real usando Monitorização Sanitária Estrutural

Sistemas IoT

ScienciaScripts

Imprint
Any brand names and product names mentioned in this book are subject to trademark, brand or patent protection and are trademarks or registered trademarks of their respective holders. The use of brand names, product names, common names, trade names, product descriptions etc. even without a particular marking in this work is in no way to be construed to mean that such names may be regarded as unrestricted in respect of trademark and brand protection legislation and could thus be used by anyone.

Cover image: www.ingimage.com

This book is a translation from the original published under ISBN 978-620-4-75077-4.

Publisher:
Sciencia Scripts
is a trademark of
Dodo Books Indian Ocean Ltd. and OmniScriptum S.R.L publishing group

120 High Road, East Finchley, London, N2 9ED, United Kingdom
Str. Armeneasca 28/1, office 1, Chisinau MD-2012, Republic of Moldova, Europe
Printed at: see last page
ISBN: 978-620-5-75511-2

Conteúdos

1 Aviso legal

Este relatório de resultados do projecto para o público em geral é apresentado textualmente tal como apresentado pelo(s) Investigador(es) Principal(es) (PI's) para este prémio. Quaisquer opiniões, resultados e conclusões, ou recomendações expressas neste relatório são as do PI e não reflectem necessariamente os pontos de vista do Fundo Nacional de Investigação do Qatar; o QNRF não aprovou ou endossou o seu conteúdo.

2 Agradecimentos

O trabalho de investigação aqui relatado é apoiado pela bolsa NPRP8-1781-2-135 da QNRF. Agradecemos à Universidade do Qatar, Universidade de Brescia Itália, Universidade Canadiana do Dubai, e SupCom Tunísia por fornecerem apoio administrativo e de gestão durante as fases de execução deste projecto. As declarações aqui proferidas são da exclusiva responsabilidade dos autores.

3 Resumo

As catástrofes naturais cronológicas e aleatórias que ocorrem em todo o mundo têm um impacto vital na segurança das infra-estruturas a nível estatal, economia regional, e planos de investimento futuros. Um sistema de alerta precoce proactivo através da utilização e desenvolvimento de tecnologias de monitorização e avaliação das condições das infra-estruturas é uma solução viável. Tem um impacto primordial sobre a vida útil dos bens, bem como sobre a segurança dos habitantes. A segurança dos bens das infra-estruturas é obrigatória no objectivo 11 de desenvolvimento sustentável (SDG- 11) para 2030 mencionado em E/CN.3/2016/2/Rev1 e A/RES/71/313- E/CN.3/2018/2 para a harmonia regional. Os alertas rápidos em tempo real requerem agilidade em milhões de tarefas de processamento de dados paralelos e distribuídos sobre os dados adquiridos a partir de sistemas de monitorização da saúde estrutural geoespacial (SHM) de fontes múltiplas. Estas tarefas incluem a integração de dados de variáveis de saúde de activos em tempo real com operações estatísticas rápidas para uma gestão expedita de desastres. Espera-se que os bens críticos, ou seja, instalações de petróleo e gás, minas subterrâneas, redes rodoviárias/ferroviárias, condutas de serviços públicos, edifícios/ pontes, aeroportos, e indústrias de serviços estatais, tenham vários impactos propagáveis de catástrofes que podem fazer desaparecer as principais infra-estruturas. Os desastres crónicos, ou seja, frentes de escavação, rampas de solo extremamente lentas, sumidouros, fissuras propagadoras letárgicas, fugas de água e micro-segmas resultam no colapso ou perturbação de outro bem subterrâneo que requer um sistema de detecção extremamente robusto de alta resolução imune à dureza climática.

Este trabalho centrou-se no estudo abrangente, concepção, fabrico, teste, calibração, e implantação de nós sensores de grau industrial com detecção de altíssima resolução para garantir avisos de confiança contra a ultrapassagem dos limites admissíveis do local e a necessidade de intervenção. As principais exigências na monitorização de desastres consistem na implementação flexível, escalabilidade do sistema e rápida recuperação de dados para localizar rapidamente áreas perigosas (ou eventuais colapsos). O sistema proposto utiliza novas técnicas e abordagens personalizadas para o alerta precoce de alterações subsuperficiais melhoradas com redes multi-sensores alimentadas pelo ambiente. O sistema proposto pode ser montado 'in situ' formando colunas instrumentais de módulos de sensores e electrónica de última geração para recolha, registo e transmissão de dados. Alternativamente, uma coluna pode alojar um único módulo, que pode mover-se em duas dimensões para fazer as medições necessárias, conforme programado. Os dispositivos electrónicos são inclinómetros mono e biaxial personalizados, piezómetros, acelerómetros/geofones, bússolas digitais, e outros para cumprir requisitos específicos de monitorização. O sistema proposto foi implantado em três locais únicos na Universidade do Qatar, Doha (Qatar), e em 3 locais em Brescia discutidos na secção de resultados e discussão. Os resultados reflectiram que este trabalho tornou uma utilidade promissora para a monitorização de bens nacionais e avaliação sanitária.

Além disso, os resultados desta investigação foram: 1) condicionamento remoto da saúde de 6 locais principais com vulnerabilidades usando IoT; 2) estimativa crítica da inclinação terrestre nas superfícies dos países nativos; 3) três mecanismos reais de alerta precoce e de condição de bens; 4) estado geo-sísmico da Universidade do Qatar como caso de uso usando monitorização de longo curso; 5) fusão de dados e gateway de comunicação heterogéneo; e 6) plataforma de simulação geo-sísmica para treinar os algoritmos de gestão de desastres, incluindo Aprendizagem de Máquinas, onde os estudantes da UG e da Graduate foram (e serão) treinados e que é considerada como uma plataforma rica para o desenvolvimento de capacidades em Inteligência Artificial.

Os resultados acima referidos são de elevado significado científico mas técnico para a arena de monitorização da saúde da estrutura geofísica.

Palavras-chave: Monitorização da saúde subterrânea e das infra-estruturas;

Alarme e aviso prévio; Avaliação de risco; Redes de sensores sem fios; Colheita de energia.

4 Introdução

A Monitorização da Saúde Estrutural SHM é uma técnica de detecção de danos, localização, e estimativa da vida útil em bens estruturais aplicada a diferentes domínios (por exemplo, aeroespacial, civil, e mecânico) [1, 2]. O SHM visa dar um diagnóstico dos materiais e da estrutura global continuamente e durante a vida das estruturas. Além disso, SHM envolve a integração de sensores, materiais inteligentes, transmissão de dados, potência computacional e capacidade de processamento dentro das estruturas. Ter tal informação sobre a estrutura irá melhorar a segurança e fiabilidade, evitando falhas catastróficas, melhorando a construção das estruturas, e planeando serviços de manutenção. Além disso, a manutenção de estruturas clássicas (sem SHM) é dispendiosa com uma fiabilidade reduzida em comparação com SHM, o que assegura um custo de manutenção constante e uma fiabilidade melhorada. Tecnicamente, o SHM pode ser descrito como "activo" ou "passivo" [3, 4].

Nas técnicas activas, a estrutura recebe perturbações (ondas ultra-sónicas) através de actuadores. As interacções da estrutura com estas perturbações são registadas utilizando sensores incorporados (ou seja, remendo piezoeléctrico) para detectar possíveis danos. Tal como o SHM activo, nas técnicas de SHM passivo, os sensores incorporados (isto é, técnicas de emissão acústica) são utilizados para recolher os dados da estrutura testada sob acções ambientais circundantes, mas sem qualquer energia de excitação extra. Depois, os dados recolhidos são comparados com o comportamento normal da estrutura em condições semelhantes. Na literatura, independentemente dos campos de aplicação, são utilizados vários tipos de sensores para monitorização da saúde estrutural, a fim de aumentar a precisão da detecção e localização de danos na estrutura.

Vamos dar uma visão geral do SHM e das tecnologias dos sensores. De acordo com [5, 6], existem quatro níveis no processo de monitorização da saúde estrutural: detecção de danos, localização, avaliação do grau de danos, e estimativa do tempo de vida restante. O primeiro e o segundo níveis utilizam uma grande variedade de sistemas de sensores [7].

Nesta secção, mencionamos diferentes tipos de variáveis que actuam sobre as estruturas, entre elas, podem ser aplicadas forças sobre as estruturas, limitar ângulos de inclinação, níveis críticos de vibração, e análise da existência de defeitos estruturais anteriores. No papel [8], a vibração, a inclinação e o ângulo de inclinação do edifício são medidos utilizando acelerómetros e sensores piezoeléctricos. Os dados são adquiridos utilizando uma rede de sensores sem fios e o estado do edifício pode ser observado e guardado periodicamente. Em [9] os autores propuseram um sistema inclinométrico robusto utilizando três sistemas mono-axiais micro-electromecânicos (MEMS) acelerómetros e três sensores de fluxo mono-axial. Os sensores de inclinação baseados em sistemas micro-electromecânicos (MEMS) têm grande potencial para aplicações industriais devido ao seu baixo custo, alta sensibilidade, pequeno tamanho, e possivelmente produção em massa [10]. O inclinómetro utilizado em [11] emprega um método para calcular a inclinação baseado na diferença entre a aceleração estática e a aceleração devida à gravidade. Em aplicações SHM, os actuadores são operados com uma excitação de alta frequência na gama (de kHz mais alto a MHz mais baixo) [12]. Especialmente em estruturas semelhantes a placas finas, as ondas propagam-se como ondas guiadas também chamadas ondas Lamb. A excitação de alta frequência gera comprimentos de onda relativamente curtos que representam a magnitude do tamanho do defeito na estrutura. Por outro lado, na gama de baixa frequência, trabalhamos com modos estruturais cujo tamanho característico é como as dimensões da estrutura completa ou, para modos superiores, o tamanho das dimensões de uma subestrutura.

A Monitorização Sanitária Estrutural (SHM) é a aplicação em que os sensores distribuídos por uma estrutura são utilizados para avaliar a saúde da estrutura [12-14]. Historicamente, os sistemas SHM foram concebidos utilizando redes de sensores com fios; contudo, a elevada fiabilidade e os baixos custos de instalação e manutenção das RSSF tornaram-nas numa plataforma alternativa atraente [15-17]. Devido aos seus elevados custos de instalação, as redes de sensores com fios só são geralmente viáveis para aplicações de SHM a longo prazo, onde a saúde da estrutura é de importância crítica. As reduções significativas dos custos de utilização de RSSF para MSM permitiriam a sua utilização em infra-estruturas públicas e privadas importantes e aumentariam a utilização de aplicações como a monitorização estrutural a curto prazo. Tais sistemas poderiam prolongar a vida útil de numerosas estruturas, permitindo a detecção precoce de danos, eliminando o custo das inspecções de rotina, e, o mais crítico de todos, melhorando a segurança pública.

Nas redes de sensores sem fios para SHM, os sensores são implantados em vários locais ao longo de uma estrutura. Estes sensores medem os dados físicos dos seus arredores. Estes dados podem ser aceleração, vibração ambiente, carga e tensão a frequências de amostragem superiores a 100 Hz [18]. As taxas de detecção e amostragem e a quantidade de dados recolhidos são muito superiores às de outras aplicações em RSSFs; e como resultado, as RSSFs para SHM introduziram desafios na concepção de redes. Os nós sensores transmitem os dados recolhidos para o lavatório quer directamente, quer reencaminhando os pacotes uns dos outros. A agregação e processamento de dados é necessária para a detecção e localização de danos estruturais e pode ocorrer em diferentes locais (por exemplo, nós, cabeças de agrupamento, e/ou servidor central), dependendo da topologia da rede. O SHM foi implantado em estruturas críticas, tais como veículos aéreos, navios, edifícios altos, barragens, e pontes. Em primeiro lugar, estas instalações têm sido ligadas; no entanto, um número crescente está a utilizar WSNs. Uma das primeiras WSNs para SHM foi instalada na Golden

Gate Bridge em 2007 por uma equipa de investigação na Universidade da Califórnia em Berkeley [19]. Uma solução IoT inteligente oferece potencialmente benefícios significativos, tais como a redução dos custos de suporte e manutenção de dispositivos, envolvimento e satisfação do cliente, e novos modelos de negócio.

Em relação às necessidades importantes para a LIB no domínio do SHM, vamos apresentar o estado da arte da LIB. Numa metropolitana ecológica verde e azul, [20, 20] a infra-estrutura refere-se a todo o conjunto de sistemas incluindo transporte, água, energia, educação, saúde, alimentação, telecomunicações, defesa, edifícios e indústrias que definem o ecossistema de uma região ou de um país, utilizando dados recolhidos por diferentes portais de investigação. O trabalho recente do IoT baseia-se no UrbanSense (DCU), BusNet e a sua integração efectiva utilizando a Transferência Estatal Representativa (REST), Interface Programadora de Aplicações (API), e Instituto Europeu de Normas de Telecomunicações (ETSI), e FIWARE [21]. O Geo-mapping utilizado é uma excelente ferramenta infra-estrutural que requer uma referência de custos a ser abordada e levou ao desenvolvimento a nível de plataforma em termos de protocolos de rotas de transporte [21]. Por outro lado, os sectores governamental, público e privado são três Internet de Tudo (IOE) [21] que governam todas as IOE corporativas e empresariais inferiores, como os sectores da defesa, civil e comercial. Estes sectores estão principalmente associados a árvores de IO como o exército, força aérea, marinha, polícia, direito, petróleo e gás, farmacêutica, química, e indústrias [22-25] Os autores em [22] carecem de recomendações e soluções discretas para a sua análise de IOE (Integração de Middleware). Enormes lacunas em termos de autenticação e identificações abordadas por [7] com base em XingQR precisam de mais elaboração para múltiplas assinaturas, uma vez que QR não é o único código utilizado, em segundo lugar para compressão e geração inteligente de caracteres para escalabilidade pode lidar com milhares de milhões de utilizadores. Os cenários e métodos de interoperabilidade e integração propostos em [24, 26] são necessários para melhorar em termos de informação do mundo real dos dispositivos. Em [27] os autores apresentaram uma excelente contribuição para a gestão de identidade e acesso (IAM), comparando SAML, OAuth, OpenID Connect & SSO para dispositivos móveis. A implementação de hardware físico e as especificações dos sistemas foram a deficiência do seu trabalho. Os cálculos de tempo de espera por [28] provam que o Protocolo de Fila de Mensagens Avançadas AMQP é melhor do que a Telemetria de Fila de Mensagens

Transporte MQTT para 0.5KB a 1.2KB. O trabalho [28] precisa de ser amadurecido para HTTP, CoAP, e Websockets. Um esforço muito notável e referenciável por [24] para TinyOS, RIOT, e ContikiOS baseado no motor de controlo local e de rede incorporado precisa de abordar o efeito da integração da base de dados utilizada. Aspecto verde, colheita de energia, e implementações de nano-pólvora por [29, 30] e o módulo SERENO para a qualidade do ar [31, 32] precisam de ser avaliados para a produção em massa a partir de aspectos escaláveis e definições de infra-estruturas digitais, sendo uma excelente contribuição inovadora. O design de virtualização da nuvem proposto por [27] para a educação e para a comunidade utilizando por [33] utilizando thin clients tinha aplicação limitada em comparação com a capacidade do hardware. A Web of things (WoT) tem recebido muita atenção no mercado pela sua flexibilidade e diversidade. Fontes privadas de informação do leigo são agora apenas três [34].MQTT, CoAP, AMQP, e XMPP corretores múltiplos para IoE e IoT para Industrial IoT (IIoT) e um bloco utilizando DDS e Websockets é protocolos bem conhecidos para assegurar a QoS e a interoperabilidade ao mesmo tempo. O modelo de informação para infra-estruturas primitivas hardcoded é o primeiro passo do modelo centrado na infra-estrutura (ICM). Um conjunto de trabalhos de investigação foi feito para explorar e processar os dados SHM (sísmicos), extrair características e envolver algoritmos de aprendizagem por máquina para detecção e classificação de eventos. Várias equipas de investigação trabalharam na fusão e classificação de dados de SHM e terramotos sísmicos [35]. Foram utilizadas características vectoriais do sonograma juntamente com k- Neural

Network (NN) para a segregação dos sinais. Em [36] Y. Takase et al introduziram ondas electromagnéticas anómalas e espectro LPC como sua característica para a detecção de terramotos.

A classificação por fases é outra abordagem que ajuda a diferenciar entre as ondas P e as ondas L [37]. A Decomposição de Valor Único (SVD) é utilizada para extrair as características das ondas. Uma precisão de 74,61% foi alcançada na classificação de fase usando regressão de crista de kernel [38]. Outro trabalho de G. Zhao et al compara várias técnicas como as redes neurais de Back-propagation (BP-NN), SVM, e BP- Adaboost para a classificação de terramotos e eventos de explosão usando sinais sísmicos [39]. Foram utilizadas um total de 27 características que incluíam características de domínio temporal e características de forma de onda. BP- Adaboost e SVM superaram BP-NN com BP- Adaboost a atingir a precisão perfeita de 100%. SVD é novamente utilizado para extracção de características num papel de W. Astuti et al [40]. A SVM é utilizada para prever futuros terramotos e magnitude. A precisão alcançada para a previsão e magnitude de terramotos através da combinação dos métodos SVD e SVM foi de 77% e 66,67% respectivamente. Paper [40] propõe uma técnica híbrida combinando os métodos SVD e SVM para a previsão de terramotos.

Nesta parte, apresentaremos um novo quadro de aprendizagem profunda para a SHM para detectar eventos sísmicos. Esta abordagem envolve o aumento de dados de sinais de vibração captados por acelerómetros e formaliza um método genérico de aprendizagem profunda de ponta a ponta para SHM. Limitámos o nosso estudo a ondas P/S SHM guiadas. A aprendizagem profunda envolve o aumento de dados aos sinais dos sensores capturados. Apresentamos uma estrutura nova chamada DeepSHM que envolve o aumento de dados dos sinais dos sensores capturados e formaliza um método genérico de aprendizagem profunda ponta-a-ponta para SHM. O caso de estudo é limitado a ondas guiadas por ultra-sons SHM. A resposta do sinal do sensor de um modelo de elementos finitos (FEM) é pré-processada através da transformação de ondas para obter a matriz do coeficiente wavelet (WCM), que é depois introduzida na CNN para ser treinada para obter os pesos neurais. No final deste artigo, apresentamos também os resultados da nossa investigação sobre as complexidades CNN necessárias para generalizar a multiplicidade de variações de sinais de sensores com base em testes experimentais do conceito DeepSHM com dados experimentais de ondas Lamb a partir de testes de cupões.

O primeiro passo nesta investigação foi a directiva central de investigação de descobrir as variáveis práticas que contribuem para o alerta precoce e a métrica de segurança fiável. O segundo passo foi a concepção de novos sensores com uma abordagem inovadora para os desafios presentes e futuros e o apoio tecnológico. Os sub-passos em novos sensores inteligentes são explicados abaixo, que aproveitaram todo o nosso plano de projecto.

6.1. Variáveis de Alerta Precoce para Bens Subterrâneos

O estudo detalhado da investigação e da segurança dos bens de infra-estruturas em esquemas críticos de resposta a catástrofes envolveu maioritariamente variáveis dinâmicas que conduziram a variáveis permanentes. Os movimentos de terra, com parâmetros específicos que correspondem aos eventos sísmicos de certas acelerações, resultam em danos como inclinação e fissuras em componentes estruturais, inundações afundando todo o património subterrâneo.

6.2. Projeto e desenvolvimento de sensores SHM para bens subterrâneos

Existem quatro requisitos de variáveis de aviso prévio como tiltmetros, acelerómetros, extensores e detectores de nível de água. Os acelerómetros MEMS de baixa G são amplamente utilizados para detecção de inclinação em aplicações electrónicas de consumo e industriais. No entanto, outra aplicação popular para acelerómetros de baixo-g é a bússola electrónica com compensação de inclinação em sistemas de monitorização geotécnica. Os acelerómetros MEMS utilizados para esta aplicação devem apresentar excelentes características nos seguintes parâmetros: compensação sensibilidade-temperatura, margem de ruído de aceleração: interpolação de erros de não-linearidade, e sensibilidade cruzada de eixos. Foram desenvolvidas três versões de nós SHM de alerta precoce: 0) Versão 0 focada em variáveis geo-sísmicas; 1) Versão 1 focada na montagem de colunas subterrâneas e geo-sísmicas; e 3) geo-sísmica, monitorização do nível da água e de fissuras.

Os nós de alerta precoce inteligente (SEWNs) de concepção de aplicações preenchem a lacuna de resolução programável ADC, taxa de amostragem, e comunicação para entrada e output tuning para procedimentos de avaliação NDT e NDE. No nosso projecto de investigação, concebemos e fabricámos dois SEWNs como:

- SEWNs planos com dois acelerómetros utilizados como sensores inclinométricos (F-SEWNs)
- SEWNs cilíndricas com suporte de sensor 2 + N (C-SEWNs)

O CANopen foi utilizado como interface de comunicação e como autocarro comum. Os detalhes destes nós são dados nas suas respectivas secções. Os dois nós estão expostos na Figura 1.

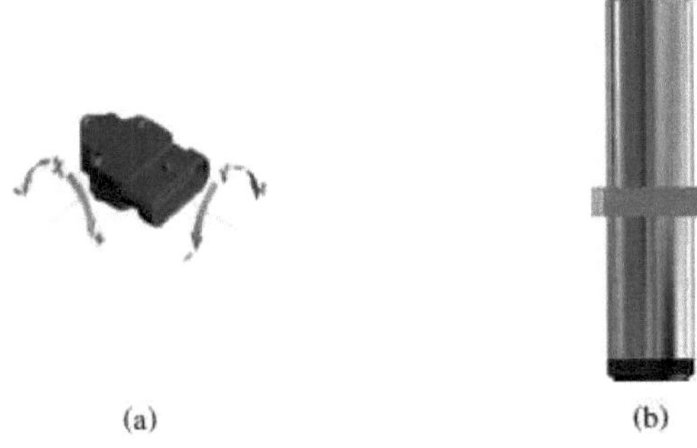

(a)   (b)

Figura 1. A aparência física das SEWNs como (a) F-SEWNs e (b) C-SEWNs.

É de salientar que as SEWNs apresentadas na Figura 1 são melhoradas com parâmetros remotamente programáveis e configuráveis utilizando o CANopen.

6.2.1. SEWNs planos

O diagrama de blocos da versão 1 da SEWN é apresentado na Figura 2, centrando-se nas restrições de medição para a SWEDA explicadas na Secção 2. Um acelerómetro bi-axial ADXL203 foi utilizado para medições de aceleração, bem como de inclinação.

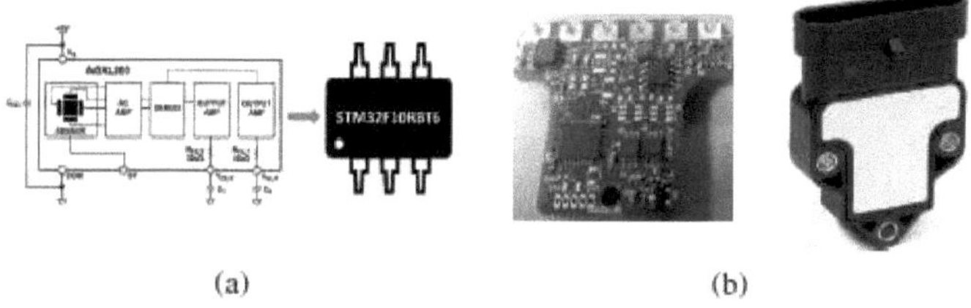

(a)   (b)

Figura 2. As vistas F-SEWN como (a) arquitectura F-SEWN; e (b) fabricação F-SEWN.

Na Figura 2, o ADXL203 foi interfaceado com um STM32F10RBT6, ou seja, um microcontrolador de 32 bits com um ADC de 12 bits constituído por dois canais com uma taxa de amostragem de 1 us e um transceptor CAN-Open (a), e o PCB, bem como o invólucro IP68, é apresentado em (b).

6.2.2. SEWNs Cilíndricas

Foi utilizado um ADC adicional de 24-bit programável com um amplificador de ganho 10x programável (PGA) para aumentar a resolução do sinal de acordo com os requisitos de tempo de execução. Foi também adicionada uma memória flash de 32 MB para mais operações matemáticas para mais sensores ao nível do nó. Na Figura 3 é apresentado um diagrama de blocos muito abrangente da C-SEWN.

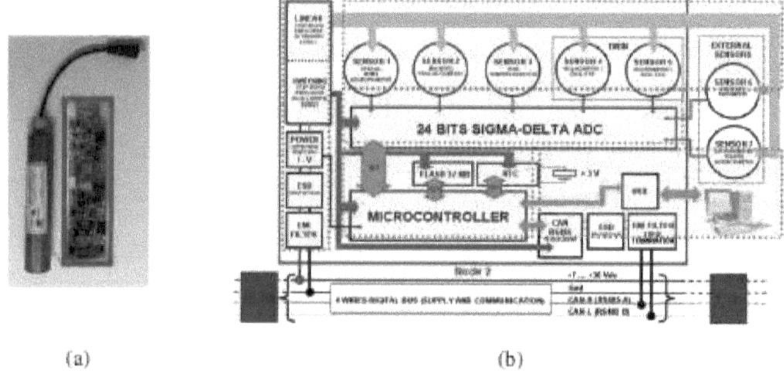

(a)   (b)

Figura 3. A C-SEWN vê como (a) fabricação C-SEWN e (b) arquitectura C-SEWN.

Na Figura 3, a C-SEWN tem sete sensores que podem ser utilizados por algoritmos relevantes para a configurabilidade das restrições. Este nó é especializado na monitorização subterrânea e tem protecção IP68. Os movimentos de terra associados às ondas sísmicas P, S, R, e L exigiam uma topologia especializada de sensores para um custo de computação mínimo, utilizando amplitudes de direcção e deslocamentos angulares correspondentes mostrados na secção 5.6 como figura 25.

6.3. Gestão e armazenamento de eventos de processamento de dados

Desenvolveu técnicas inovadoras para recolha/agregação/fusão de dados e mitigação da sensibilidade cruzada dos sensores e do desvio da temperatura, com um Sistema de Gestão de Eventos personalizado para um manuseamento e transferência de dados optimizados por eventos, e estratégias de armazenamento eficientes. Este objectivo era constituído por dois WPs que foram entregues no período declarado e são mencionados em detalhe com os respectivos resultados intelectuais. O WP1 e WP2 no IR6 contêm os detalhes desta contribuição.

Para além dos WP propostos, houve invenções ou inovações adicionais no âmbito deste objectivo que se espera que sirvam como potenciais IPs deste trabalho e que possam ser compreendidas em futuros subsídios no mesmo quadro:

1) PoC1: Design e Implementação em tempo real do Sistema SHM IoE-GIS Expert System Web Engine para Backend e Frontend
2) PoC2: SHM Seismic Rig for Machine Learning Algorithms Training and Realtime Earthquake Detection for Event Management

Um sistema de monitorização convencional baseado em implementações geo-distribuídas de multi-sensores tem 4 grandes desafios; 1) fusão heterogénea de dados; 2) arquitectura de processador de dados; 3) modelo de armazenamento de dados, e 4) análise em tempo real de processos de dados. A fusão heterogénea de dados ocorre devido à falta de isolamento de dados e ao tremor numa enorme população de clusters de sensores que agrupam dados numa instalação de monitorização centralizada. A integridade dos dados foi o primeiro passo que foi dado por concepção de um esquema de 3 níveis de processamento de dados [sistema pericial] por programação processual em python 2.718 com bibliotecas de processamento de dados adicionais. A todos os autocarros foi atribuído um ficheiro de texto (.txt) para armazenar os pacotes e molduras como para cada ligação de entrada com um formato especial publicado [informação centrada] no nosso trabalho. Um nó IoT genérico consiste em protocolos integrados ou de uso geral (I2C, UART, SPI, WiFi, Ethernet, e Bluetooth), bem como protocolos industriais como CANopen, Profibus, Modbus, e BACNet. As interfaces disponíveis no nó SHM foram armazenadas em ficheiros, ou seja, CANopen_Date_Time.txt, SPI_Date_Time.txt, I2C_Date_Time, etc., num formato dado abaixo para os respectivos protocolos.

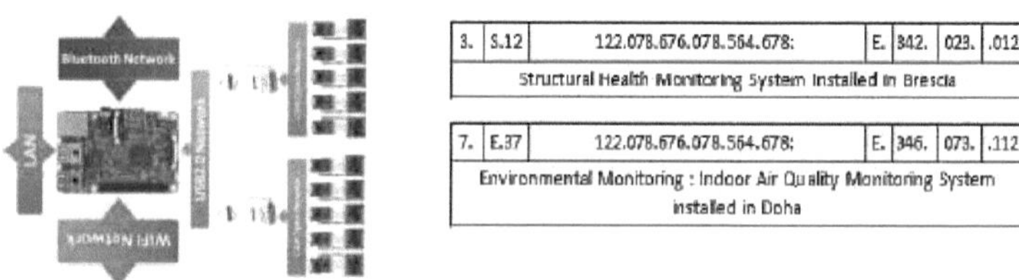

3.	S.12	122.078.676.078.564.678:	E.	342.	023.	.012
		Structural Health Monitoring System Installed in Brescia				

7.	E.37	122.078.676.078.564.678:	E.	346.	073.	.112
		Environmental Monitoring : Indoor Air Quality Monitoring System installed in Doha				

a. SHM cluster em Aim 2 [1]   b. Tabela de endereços de dispositivos NPRP8 para SHM

Figura 4. IoT com método proposto de armazenamento de quadros para evitar anomalias de fusão de dados

Na Figura 4, o primeiro valor de segmento 3 são os dados no lado do servidor, a segunda variável de segmento S.12 é para dados baseados em SHM onde 12 é o número de locais, o terceiro valor de segmento 122.078.676.078.564.678 é o valor GPS da identificação da zona, ou seja, 122 com a identificação da zona 078 e a identificação do local 676. O quarto valor de segmento E é a Ethernet, as variáveis monitorizadas são 342, os alarmes gerados são 23, e a bandeira 12 significa o número de linhas nas tabelas de endereços para completar a tabela de endereços. O segundo passo foi guardar os valores dos sensores como séries temporais a partir de ficheiros .txt criados dinamicamente para ficheiros de valores separados por vírgula (.csv), mandando utilizar o formato padrão RFC (UTC, valor do sensor 1, valor do sensor 2, ... valor do sensor N) para sensores em rede equivalentes a um único quadro. Para uma arquitectura IoT proposta no Objectivo 4, era necessário um quadro unificado que permitisse ao sensor nublar a comunicação no painel de instrumentos, ou seja bloco site/remoto, bloco gateway/redes, e bloco servidor exposto na figura 5 abaixo.

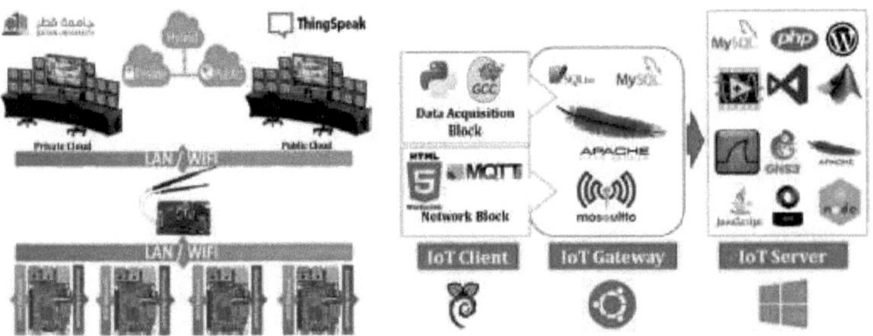

a. Arquitectura da nuvem de IoT Objectivo 4 [1] b. Arquitectura do Processador de Dados de Alerta Precoce
Figura 5. SHM IoT em Aim 4 com proposta de arquitectura de dados para evitar anomalias de fusão de dados

A análise da rede e os indicadores de desempenho verificam o desempenho da arquitectura do sistema de geo-resiliência em tempo real. Todo o NPRP para QU foi concebido e implementado com a configuração do sistema é apresentado no Quadro 1.

Quadro 1. Configuração de rede NPRP8 SHM

Sistemas	Tamanho da embalagem	Data-Taxa	Protocolos	Quantidade de nós
PBCL	1500 Bytes	128Mbps	IPv4	1
PRCL-N	1500 a 9000	1Gbps	IPv4	2+

SHM-Gateway	2312 Bytes	1Gbps	IPv4	1+
Blocos SHM-Site	32-Bit a 251 Bytes	100Mbps	IPv4 & BT4.2	5+
Blocos de Remota SHM	8 Bytes	250kbps	CANopen	15+

A espinha dorsal de qualquer sistema de processamento de dados são processadores de dados e autocarros de dados em qualquer definição. As bases de dados eram processadores de dados e a sua dimensão, bem como a tecnologia de armazenamento que inclui tempo de acesso e tempo de leitura/escrita desempenha um papel vital nas capacidades de processamento de dados dos sistemas. A configuração de dados SHM para aviso prévio é dada no Quadro 2.

Quadro 2. Configuração de dados NPRP8

Sistemas	Base de dados	Tamanho em Papel	Disco	Tecnologia
PBCL	MySQL 5.5	Servidor	3 TB	PCI-E SSD
PRCL-N	MySQL 5.5	Servidor	1 TB	m.2 SSD
SHM-Gateway	MySQL 5.5	Cliente	200GB	SSD SATA
Sítio SHM-SHM	SQLite 3.0	Clie nt	8GB	Micro-SD-XC
Bloco de Remota SHM	NIL	Nó	32KB	SPIFFS

Além disso, a arquitectura de dados foi concebida de forma a que sempre que a hierarquia se move para cima a largura do bloco de dados ou o tamanho dos clusters de processamento de dados. Tanto as IOTs Privadas como as Públicas estão a utilizar a base de dados baseada em diagramas ER. A base de dados contém entidades tais como sites, SHMs, estruturas, materiais, ondas_sísmicas, redes_de_sensores, alarmes, eventos, regras e nós de rede. Cada entidade refere-se a uma tabela com uma chave primária e atributos com base nos parâmetros associados a uma determinada entidade. As regras de manipulação de dados estão a ser definidas através de relações entre as entidades ou tabelas sob a forma de um diagrama ER que também mostra o esquema da BD, como mostrado na Figura. 6.

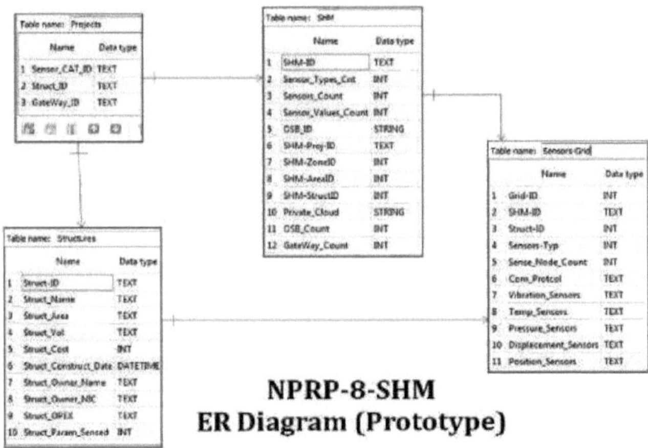

Figura6. Diagrama ER de SHM para NPRP8 com Alojamento de Alerta Precoce

A loite privada hierárquica de 3 níveis de dados até ao Gateway para o processamento de dados. A norma RFC 7476 ICN foi implementada para arquivo de etiquetas SHM em 4 ficheiros padrão RFC usando CSV, JSON, TXT, e XML i.e. normas RFC4180, RFC7841, RFC3161, e RFC7852, respectivamente na OSB. Os detalhes destas implementações são mencionados na secção de discussão e resultados para o Objectivo 3. As tarefas envolvidas para alcançar o objectivo 3 utilizando o quadro FRED são apresentadas na secção de resultados.

6.3.1. Detecção Sísmica em Tempo Real e Algoritmos de Alerta Precoce

Neste objectivo, apresentamos novas técnicas de reconhecimento da semântica dos dados, extracção e aprendizagem de padrões, sequenciação de dependência, supressão de redundância de dados, e mitigação da sensibilidade cruzada dos sensores. Introduzimos um novo Sistema de Gestão de Eventos para apoiar a transmissão eficiente de dados ao(s) lavatório(s) alvo através da concepção de técnicas para a priorização inteligente dos dados recolhidos. Estas técnicas permitiram-nos favorecer os dados considerados de tratamento preferencial mais elevado. Além disso, detalhamos as estratégias para um armazenamento mais eficiente de dados sensoriais que podem incluir: armazenamento em função da localização, armazenamento temporário local, armazenamento distribuído, e armazenamento baseado em fontes de dados sensoriais.

Durante 6 meses, utilizámos dados da ponte QU para testar os algoritmos de processamento e armazenamento de dados. A principal contribuição para o processamento de dados foi o desenvolvimento de um algoritmo de equilíbrio de espectro óptimo (OSB) juntamente com a gestão de eventos para uma resposta rápida em tempo real no evento sísmico prognóstico. Além disso, no SHM gateway, implementámos e testámos as seguintes técnicas avançadas de suporte de IoT para o processamento de dados. Nesta parte, foram desenvolvidos três algoritmos com capacidades em tempo real para caracterização e detecção, que são os seguintes

    i.   O Algoritmo de Alerta Sísmico Antecipado (ESWA). (Figura 7)
  ii.   Algoritmo de Predição Multi-Objectivo SHM (MOSPA). (Figura 8) iii. Algoritmo de Detecção de Ondas Sísmicas (SWEDA). (Figura 9)

Os detalhes destes algoritmos são mencionados nas suas respectivas publicações. Neste relatório, apresentámos uma visão geral destes algoritmos.

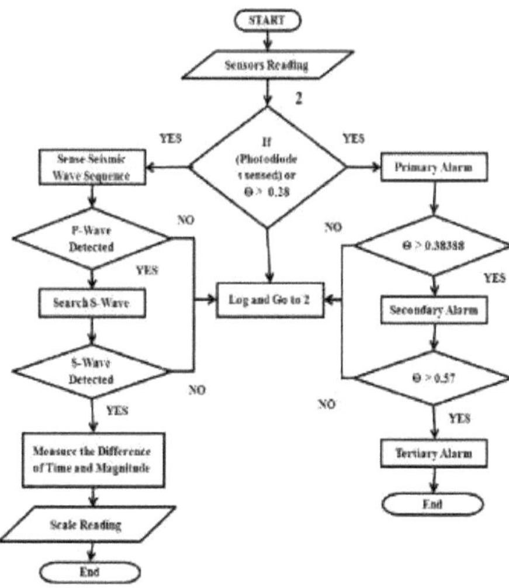

Figura 7. Algoritmo de Alerta Sísmico Antecipado (ESWA)

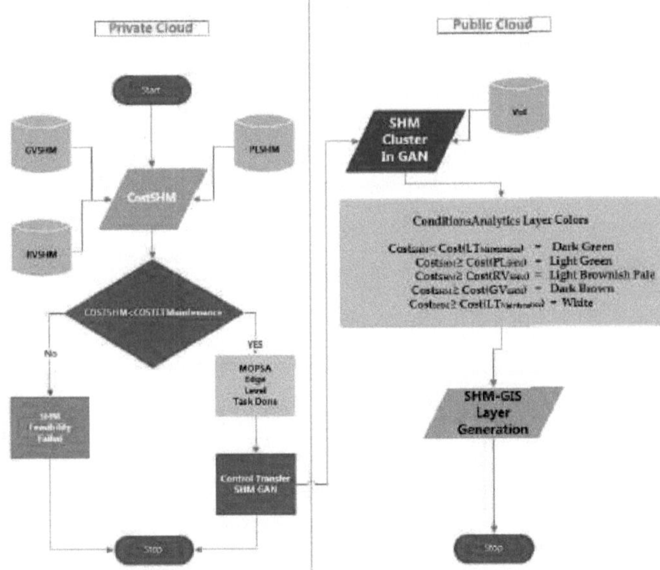

Figura 8. Modelo de Trabalho MOSPA ou Operação em SHM-UCM

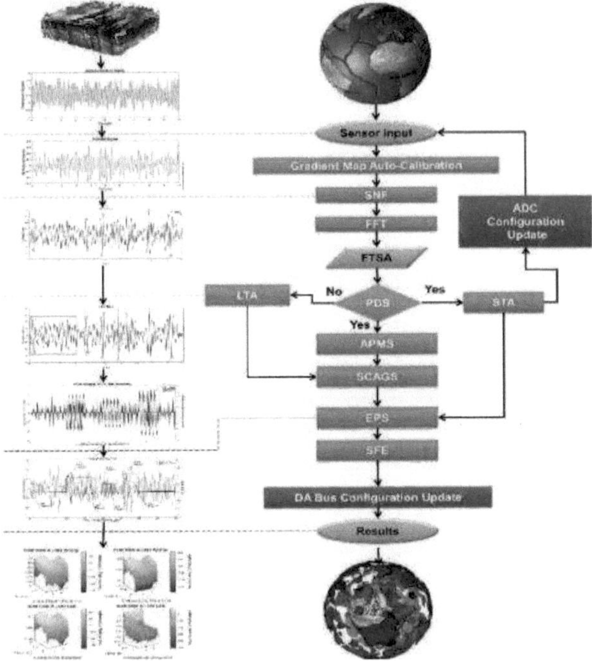

Figura 9. Algoritmo de detecção de eventos de ondas sísmicas (SWEDA) fluxo do processo

diagrama.

ii.2.2. Predição sísmica baseada na aprendizagem de máquinas

Um terramoto é o tremor da superfície da terra causado pelo aparecimento de ondas sísmicas através das rochas da terra. A previsão em tempo real de eventos sísmicos é um grande desafio para o governo, entidades de segurança, e investigadores para evitar o seu impacto drástico, especialmente nos seres humanos para limitar o número de mortos e feridos. Neste documento, concebemos e introduzimos um protótipo completo de um sistema incorporado para a previsão de ondas sísmicas para a monitorização da saúde estrutural (SHM). Propomos a utilização de aprendizagem profunda baseada em conjuntos de dados obtidos a partir de sinais SHM contendo alguns sinais sísmicos, tais como ondas p e ondas s e sinais silenciosos. Provámos a robustez do dispositivo proposto ao emular vários sinais de vibração usando uma tabela de verificação por nós concebida em laboratório. Os resultados mostram que o nosso classificador de vibração (preditor) é 97% fiável para prever as vibrações sísmicas.

6.3.2. A. Modelo de rede neural sequencial:

Em cenários do mundo real, o modelo de sequência é utilizado no reconhecimento da fala, classificação de sentimentos, análise de sequência de ADN, tradução automática, e classificação de sequência de sinais. No nosso sistema, considerámos um modelo de rede neural sequencial com camadas L, contendo L - 2 camadas ocultas.

6.3.2.8. Características Extracção de Características:

Esta etapa de pré-aprendizagem consiste em transformar os dados em bruto em entradas significativas para o bloco de aprendizagem da máquina. A extracção das características foi inicialmente concebida através de um processo artesanal por especialistas na matéria [41]. Esta etapa parte de um conjunto inicial de dados medidos e constrói valores derivados chamados características assumidas como informativas e não redundantes para facilitar a aprendizagem subsequente. Presume-se que as características extraídas contêm a informação relevante dos dados em bruto, para que a tarefa desejada possa ser realizada empregando esta representação reduzida em vez dos dados em bruto completos [42]. As características são sempre aprendidas directamente com os dados, como os pesos no classificador. As características aprendidas são utilizadas numa forma de aprendizagem mecânica chamada redes neurais profundas (DNN).

Classificação A classificação das características é uma técnica de reconhecimento de padrões que é utilizada para categorizar um grande número de dados em diferentes classes com base em alguns critérios. Por vezes a classificação de características pode também estar relacionada com a selecção de características, que consiste em seleccionar um subconjunto das características extraídas que optimizariam o algoritmo de aprendizagem da máquina e possivelmente reduziriam o ruído através da remoção de características não relacionadas [43].

6.3.2.C. Desenho de Rede Neural Profunda:

Para a concepção do modelo de aprendizagem profunda, consideramos um modelo de rede neural em sequência com camadas L contendo L - 2 camadas ocultas e uma camada de entrada, e uma camada de saída. Denota-se por X os elementos da sequência de entrada gerada pelo simulador de sinal.

$$X = (x_1, \ldots, x_L) \in E_x \times, \ldots, \times E_x = E_x^L, \tag{1}$$

podemos também escrever as variáveis alvo RNN, indicadas por y como uma sequência de comprimento delimitado:

$$Y = (y_1, \ldots, y_L) \in E_y \times, \ldots, \times, E_y = E_y^L, \tag{2}$$

onde Ex é um espaço de produto interior. Os conjuntos de dados serão da forma $DL = \{(x(i), y(i))\}_{n^j} = 1$ contudo as sequências são geralmente de comprimento de variáveis, assumimos que a camada de entrada tem 512 nós, a primeira camada oculta contém 256 nós com função de activação 'sigmoid' definida como se segue:

$$\psi_i(x) = \frac{1}{1 + \exp(-x)},\tag{3}$$

a segunda camada oculta é composta por 128 nós com a função de activação 'ReLU' definida como se segue:

$$\psi_i(x) = \max(0, x)\tag{4}$$

e a camada de saída com nós de numeração e função de activação 'softmax' é definida como se segue:

$$\psi_i(x) = \frac{\exp(x)}{1 + \exp(x)}.\tag{5}$$

No nosso classificador profundo, o alvo Y define os rótulos relacionados com o estado da sequência. Para definir os valores destas etiquetas, consideramos os dois cenários seguintes.

Classificação da Rede Neural Profunda: (terramoto) / (não terramoto) Neste cenário, o nosso sistema proposto pode prever, na presença de vários tipos de ondas sísmicas, se há um terramoto ou não há terramoto sem dar qualquer informação sobre a chegada da onda. Neste caso, os rótulos são definidos como segue-se:

$$y_i \in \{0 : (non\text{-}earthquake) ; 1 : earthquake\}\tag{6}$$

Onde a onda de sismo pode ser uma das seguintes: onda de sismo1, ..., sísmica, num class=2, com é a onda de sismo numérica. Classificador da Rede Neural Profunda: tem onda sísmica específica / sem sismo: O preditor da Rede Neural Profunda pode classificar a entrada x, devolvendo um sinal de onda sísmica de informação precisa: num class=na+1, aqui y corresponde à classe da sequência de dados, (sinal de estimulação transmitido para o cérebro profundo). Limitamos a saída da rede neural profunda a ser uma distribuição de probabilidade discreta válida. Isto pode ser feito através da aplicação da função 'softmax' $\zeta(x)$ à saída da rede $\zeta(x, \theta)$. A previsão do rótulo é então dada por:

$$\hat{y}_L = \zeta\left(\mathcal{F}(x, \theta)\right) \qquad (7)$$

6.3.2. D. Método de optimização

A maioria dos métodos de optimização são baseados em gradientes, o que significa que devemos calcular o gradiente J para os parâmetros em cada camada $i \in \{1, \ldots, L\}$. Na rede neural, o método de optimização deve produzir resultados ligeiramente melhores e mais rápidos, actualizando os pesos dos modelos e os valores de enviesamento [44]. Estes métodos podem ser:

* Descendência Gradiente,
* Descendência de gradiente estocástico,
* Adam,

Descendência Gradiente: Este método de optimização é um dos algoritmos mais populares para optimizar em redes neurais. Este método minimiza uma função objectiva J parametrizada pelo parâmetro modelo θ, actualizando na direcção inversa da função objectiva $\nabla_\theta\left(J(\theta)\right)$ relativamente aos parâmetros:

$$\theta_{t+1} = \theta_t - \alpha \nabla_\theta \left(J(\theta)\right). \qquad (8)$$

Descendência de gradiente estocástico: é uma função de optimização iterativa com uma propriedade específica de suavidade. A descida de gradiente estocástico utiliza amostras aleatórias para avaliar o gradiente:

$$\theta_{t+1} = \theta_t - \alpha \nabla_\theta \left(J(\theta, \gamma, \kappa)\right), \qquad (9)$$

onde y, κ são algumas amostras de formação chamadas minibatch, estatísticas retiradas do anterior
amostras de formação.

Adam: este método funciona bem na prática e supera todas as outras técnicas adaptativas, uma vez que converge muito rapidamente. Com Adam, os problemas da taxa de aprendizagem em fuga, da convergência lenta, ou da alta variação nas actualizações dos parâmetros são resolvidos [45]. Quanto à sua robustez na prática, no nosso sistema de aprendizagem profunda, adoptámos a optimização baseada no método 'Adam'.

6.3.2. E. As técnicas de avaliação na aprendizagem de máquinas:

Para a avaliação da aprendizagem mecânica, as métricas são muito importantes. De facto, a escolha das métricas influencia a forma como o desempenho da aprendizagem da máquina é medido e comparado.

Métricas de classificação: a precisão de classificação é definida pelo número de previsões correctas feitas como um rácio de todas as previsões feitas. Esta é a métrica de avaliação mais comum para os problemas de classificação. Para a nossa aplicação específica da previsão de ondas sísmicas, utilizaremos uma métrica mais específica para considerar a falsa detecção de um terramoto e a não detecção de um sismo, utilizaremos uma métrica mais específica para considerar a falsa detecção de um alarme e a não detecção de um alarme. Consideraremos o acontecimento duplo:

- Verdadeiro positivo (TP), se o classificador fizer uma previsão de um terramoto e de facto, há um terramoto.

- Falso-positivo (PF), é o evento quando o classificador prevê um terramoto e, de facto, não há terramoto.

A partir destes eventos, obtivemos as duas métricas: valor preditivo positivo (PPV) e valor preditivo negativo (NPV):

$$PPV = \frac{\text{\# of true positive}}{\text{\# of true positive} + \text{\# of false positive}} = \frac{TP}{TP + FP}. \tag{10}$$

No entanto, o valor preditivo negativo é definido como:

$$NPV = \frac{\text{\# of true negative}}{\text{\# of true negative} + \text{\# of false negative}} = \frac{TN}{TN + FN}. \tag{12}$$

com Verdadeiro negativo (TN) é o evento que o classificador prevê um sinal genuíno e, de facto, o sinal é genuíno. No entanto, falso negativo (FN), no caso em que o classificador prevê um sinal genuíno e o sinal tem um terramoto.

A sensibilidade é definida como:

$$S = \frac{TP}{TP + FN} \tag{13}$$

A especificidade é definida como:

$$Specificity = \frac{TN}{FP + TN} \tag{14}$$

$$Accuracy = \frac{\text{\#correctly classified items}}{\text{\#all classified items}} \tag{15}$$

Perda logarítmica: é utilizada para avaliar as previsões das probabilidades de adesão a uma determinada classe. a 6[0 1] ser uma medida de confiança para uma previsão. No nosso trabalho, consideramos a avaliação baseada na precisão. A implementação da aprendizagem profunda é resumida na parte seguinte do código:

câmaras de importação

de keras.models importação

Sequencial a partir de keras.layers

Densa importação

de keras.preprocessing import sequence from sklearn.model_selection import train_test_split

```python
# criar o modelo embedding_vecor_length = 32 modelo =
Sequencial()
model.add(Dense(512, activation='sigmoid'))
model.add(Dense(256, activation='sigmoid'))
model.add(Dense(128, activation='relu')) model.add(Dense(num_classes,
activation='softmax'))
model.compile(loss='binary_crossentropy', optimizador
='adam', metrics=['precisão'])
model.build()
history=model.fit(X_trains, y_trains, y_trains, epochs=Epochs,
batch_size=64,validation_data=(X_tests,y_test
s), verbose=2, shuffle=False)


# Avaliação final do modelo
pontuação = model.evaluation(X_tests, y_tests, verbose=0)


# etapa final da aprendizagem, excepto a etapa completa
```

Modelo NN após aprendizagem de todos os parâmetros utilizando o conjunto de dados.

```python
model.save('meu_modeloXX.h5')
```

(Como mostrado, na parte do código python, utilizado para a etapa de aprendizagem, o modelo de rede neural completo com todos os coeficientes actualizados é finalmente guardado no formato HDF5. Este modelo será carregado e utilizado no código python dedicado para a previsão ou a implantação do classificador na placa embutida (servidor). Note-se que a etapa de aprendizagem consome normalmente recursos excessivos de CPU e memória. A sua implementação exigiu um PC potente, ou no pior dos casos, um PC com GPU. As CPUs são adequadas para cargas de trabalho informáticas mais gerais. No entanto, as GPUs são concebidas para computar em paralelo as mesmas instruções. As redes neurais profundas são estruturadas de uma forma muito uniforme, de modo a que em cada camada da rede, milhares de neurónios artificiais idênticos efectuem o mesmo cálculo. Na nossa implementação, utilizamos um PC simples com 8 GB de memória, 3,6 GHz, com Linux (ubuntu 16,04). o fluxograma da etapa de aprendizagem é descrito na figura 10 do fluxograma.

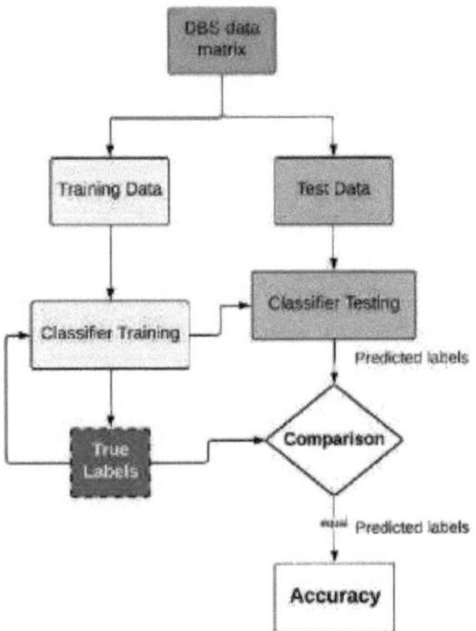

Figura 10. Fluxograma da etapa de Aprendizagem.

6.3.2.E.1. *Implementação de Hardware:*

A solução para o classificador de sinais sísmicos profundos é composta por um cliente que gera um padrão de sinais sísmicos e um servidor que recebe pedidos do cliente através de uma ligação TCP/IP. Ambos suportam a aplicação web para executar o

micro estrutura web Flask e os módulos python para processamento de dados [46].

6.3.2.E.2.*Desenho de aplicações Web:*

No cliente e no servidor, uma aplicação web está em execução para apoiar toda a aplicação de cada lado. Durante a concepção de cada aplicação web, utilizámos Dashboard, que é monitorizado e escrito em Python utilizando Flux Advanced Security Kernel (Flask). Flask é uma micro estrutura, uma vez que não necessita de ferramentas específicas ou bibliotecas [46]. Flask suporta exten- sions que podem adicionar características de aplicação como se fossem implementadas no próprio Flask. Flask é uma excelente escolha para a construção de aplicações mais pequenas de interface de programa de aplicação (API) e serviços web. Flask permite-nos concentrar no que os utilizadores estão a pedir e que tipo de resposta dar de volta.

6.3.2.E.3. Cliente: Gerador de ondas sísmicas

A solução envolve um cliente (gerador de sinal sísmico), um servidor, e uma lã de alta tensão remota para relatar os resultados e deixá-los disponíveis na web para utilizadores públicos ou privados. Este cliente encontra-se na ligação contínua (tomada cliente/servidor) com o servidor (classificador de sinais) para a transmissão dos sinais sísmicos. O cliente produz sinais emulados não sísmicos e sinais sísmicos para desempenhar o papel de emulador de sinais sísmicos. Assume o evento sísmico, introduzindo vários padrões de ondas sísmicas. No lado do servidor, um processo de recepção é a escuta contínua do cliente e a leitura dos sinais recebidos, passando-os através de um classificador baseado numa rede neural profunda para verificar se o sinal é ou não um sismo.

Como se mostra no fluxograma dado pela Figura 10, no cliente, definimos os parâmetros ajustando o valor de probabilidade ou a percentagem do terramoto no fluxo. O processo aleatório, de selecção da onda sísmica é também chamado assim que o cliente decide enviar um sinal sísmico em vez de um sinal não sísmico. Uma vez gerado o sinal sísmico, uma rotina de tomada cliente/servidor transmite periodicamente o sinal ao servidor para classificação. Note-se aqui que o papel do cliente é limitado apenas à geração dos sinais sísmicos. O preditor da rede neural Deep (classificador profundo) é implementado apenas no servidor. A previsão é feita cegamente sem ter qualquer ideia prévia das estatísticas dos sinais de estimulação produzidos pelo cliente.

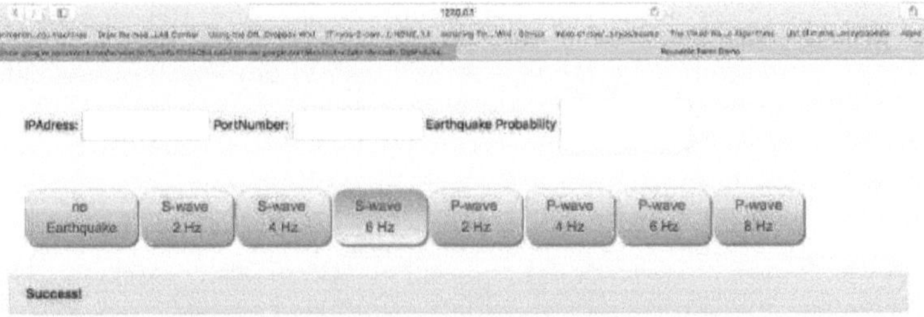

Figura 11.A interface web no lado do cliente.

A aplicação web, incluindo a geração do sinal e a interface web disponível para navegadores remotos, está a ser executada no cliente. Figura. 11 mostra esta interface web que permite a personalização do endereço IP e o número da porta do servidor que executa o neural profundo. Além disso, a probabilidade de um terramoto (em %) pode ser personalizada através desta interface web. Basta premir um botão específico para ondas sísmicas ou uma mistura de ondas sísmicas para validar a forma e iniciar a geração dos sinais emulados.

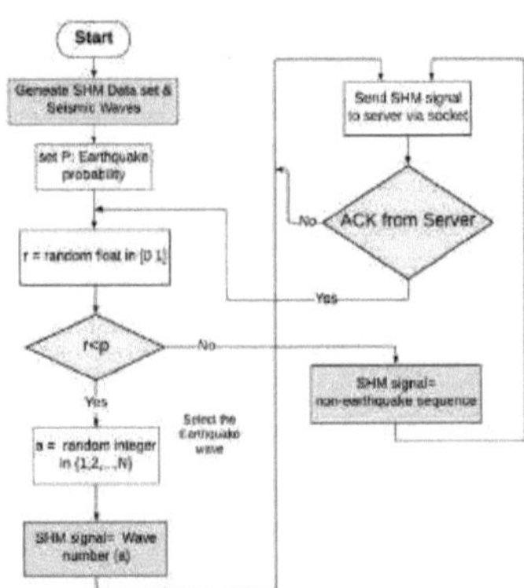

Figura 12. Fluxograma do processamento de dados no Cliente.

5.3.2. E.4. Servidor: Classificador de redes neuronais profundas:

O preditor profundo que corre no servidor, detalhado na secção anterior, assegura a classificação dos sinais recebidos do cliente. A seguir, propomos os

34

detalhes da implementação do servidor e as soluções técnicas e hardware que seleccionámos. O núcleo do servidor é o flexível Raspberry Pi3 com as seguintes características [47]:

- Broadcom BCM2837B0, Cortex-A53 SoC de 64 bits a 1.4GHz

- BCM43438 LAN sem fios e Bluetooth de baixa energia (BLE) a bordo

- Memória 1 GB DDR2 SDRAM,

- Armazenamento a bordo: Slot Micro SDHC para até 32 GB,

- Rede a bordo:10/100 Mbits/s porta Ethernet,

- Quatro portas USB 2.0,

- Fonte de energia 5 volts via Micro USB ou cabeçalho GPIO.

O poder de processamento do Raspberry Pi3 é adequado para aplicações web no servidor. Esta aplicação web funciona continuamente e suporta a visualização dos resultados em navegadores remotos, a comunicação cliente/servidor para receber sinais de estimulação do cliente, e o módulo de processamento para o classificador de rede neural profunda. A figura 13 apresenta o fluxograma do processamento de dados no servidor.

No lado do cliente, a aplicação web está a funcionar usando python, JavaScript, e HTML5 para dar parâmetros para a aplicação web iniciar a comunicação com o servidor e a geração dos sinais de estimulação e um ou uma mistura das ondas sísmicas.

Sismos e terramotos acontecem e não são previstos previamente em tempo real. Na nossa solução, propomos a utilização de um classificador de rede neural profunda separada para detectar o local de um terramoto. O módulo de previsão, adequado para a classificação dos sinais sísmicos, pode identificar cada sinal sísmico com base nos sinais recolhidos por acelerómetros fixados em pontos da estrutura ou da terra. Este dispositivo é concebido num Raspberry Pi3, funcionando continuamente.

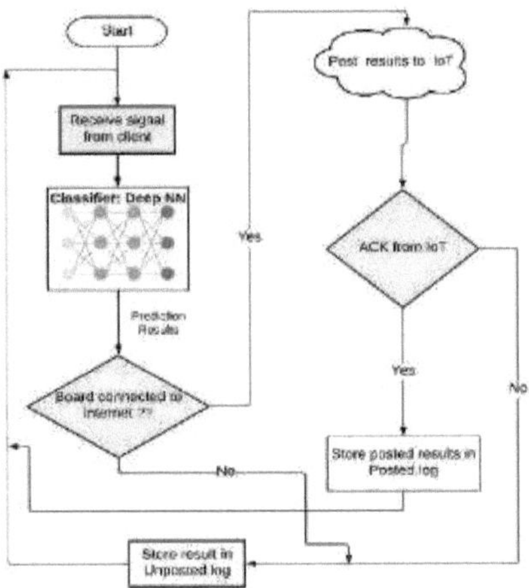

Figura 13. Fluxograma do processamento de dados no servidor.

6.4.Plataforma de rádio & Wireless & IoT

Várias infra-estruturas IoT estão disponíveis no mercado por vendedores de topo Gestão de Recreio Absoluto (ARM), Intel (Intel-IoT), CISCO (Cisco-IoE), ... com várias características. O modelo proposto é mostrado na Figura 18. Para utilizar qualquer infra-estrutura, primeiro, o modelo de informação de infra-estruturas reais (por exemplo, Smart Energy, Smart Industry, Smart Government, Smart Academia, Smart Health) deve ser concebido utilizando motores de bases de dados. Em segundo lugar, uma interface genérica de programação de aplicações (API) para uma dada arquitectura de IdC está disponível pelos principais fornecedores de IdC para comunicar com um sistema de gestão de bases de dados. A API de interface de programação de aplicações personaliza toda a infra-estrutura IoT para infra-estruturas reais. Neste trabalho, utilizámos a abordagem de folhas de dados para povoar a nossa base de dados utilizando os conjuntos de dados de uma dada infra-estrutura. A arquitectura de hardware é estática como por exemplo numa infra-estrutura. As fichas de sensores são mencionadas na tabela I e os parâmetros permanecerão estáticos ou fixos como definido na ficha de dados de um anobjecto da classe na infra-estrutura, por exemplo, a ficha de dados de um camião de objectos definirá quais as variáveis que têm de ser medidas por quais sensores.

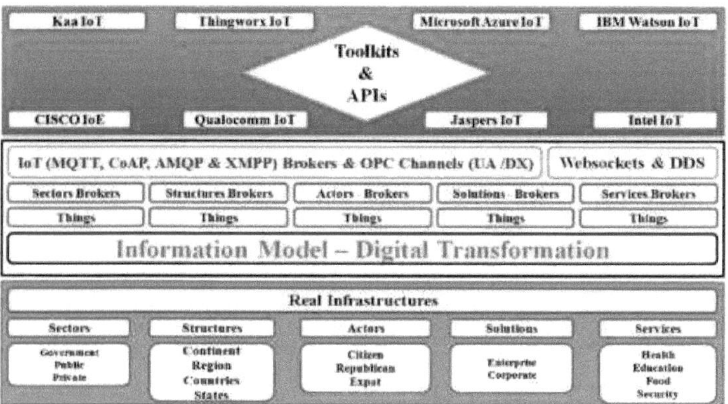

Figura 14: Modelo centrado na infra-estrutura (ICM)

No modelo da Figura 14, a análise é centralizada onde o API e o modelo de informação são parâmetros chave. Neste trabalho, utilizámos um desenho de cima para baixo com a abordagem do Ciclo de Vida do Desenvolvimento de Software de Queda de Água (SDLC) [48]. Para facilitar a adaptação e implementação do sistema, juntamente com uma maior escalabilidade, a documentação é integrada. Este modelo dimensiona as melhores capacidades dos fabricantes de equipamento original (OEM) IoTs [22], arquitecturas OEM, e interoperabilidade das plataformas IoT [23]. O primeiro desafio é a integração de arquitecturas e plataformas de hardware interoperáveis. De cada vez, estaremos a lidar com uma arquitectura utilizando diferentes plataformas. Cada estrutura proprietária IoT tem as suas definições para classificar os nós de sensores, cabos, controladores, comutadores de rede, gateways IoT, computadores, servidores, e todo o software e hardware específico da arquitectura de um único fornecedor. Especificamente, Controlador Lógico Programável (PLC), Controlador de Automatização de Processos (PAC), e nós baseados no Sistema de Controlo Distribuído (DCS) OPC (Object Linking and Embedding (OLE) for Process Control) é utilizado para a escalabilidade e flexibilidade da fusão de IIoT e IoT, uma vez que temos também uma infra-estrutura de Indústria 4.0 (Indústria Inteligente). No gateway ou em paralelo com a camada de corretagem, utilizámos OPC DX (Data Exchange) e como middleware completo, utilizámos OPC UA (Unified Architecture) para administrar o fluxo de processos da figura 19.

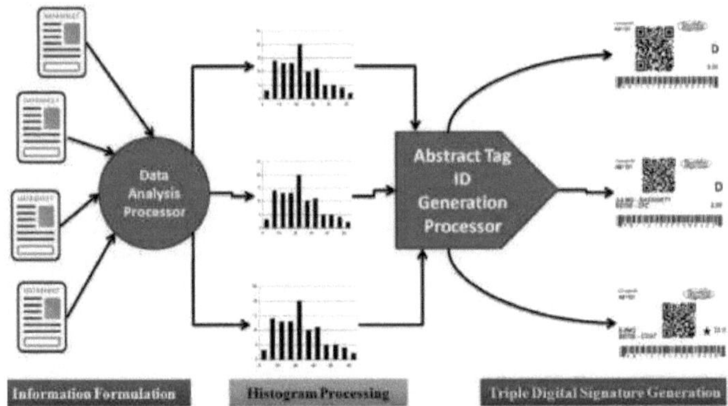

Figura 15. Sistema de geração de etiquetas abstractas para Actores da IdC

O objectivo da plataforma rádio & sem fios consiste na concepção de uma plataforma sem fios que seja ambientalmente activa, melhorada com novos protocolos de rede MAC, e que permita a criação de uma nova plataforma IoT.

Além disso, a plataforma forneceu uma transmissão optimizada de dados multi-componente/única sem descontinuidades dos nós SHM para o servidor remoto, assegurando uma boa QoS (baixa perda de 36 pacotes, baixa latência, e eficiência de largura de banda). Este objectivo foi focado:

1) Desenhar um bloco de recolha de energia para alimentar a tábua de superfície.

2) Investigar o apoio da rede para uma transmissão de dados eficiente, especialmente ao nível da sub-camada MAC onde serão investigados novos protocolos MAC para melhor materialização dos objectivos de comunicação verde.

3) Concepção de protocolos MAC com consciência de poder cognitivo e de contexto.

4) Concepção do portal que irá funcionar como retransmissão entre a WSN (o mundo dos sensores) e a rede IP onde reside o dissipador informático (por

exemplo, uma estação base ou servidor).

5) Concepção da comunicação máquina-a-máquina e da Internet sem fios. Fabrico e teste de a) placa de comunicação Internet com fios de tudo (IoE) usando 9 protocolos únicos, b) placa de estado SHM IoE com SHM, sistema, e mímicas de rede, c) placa de distribuição e armazenamento de energia SHM IoE d) placa de comunicação sem fios IoE e e) invólucro mecânico de tamanho A4 para gateway SHM IoE.

Todo o sistema consistiu numa rede de sensores no contexto da IdC que utiliza meios sem fios e com fios para transportar dados e ligar os diferentes componentes. Enquanto o sem fios é utilizado para o transporte local dos sinais, as ondas de rádio e precisamente o BLE (Blue tooth Low Energy) é utilizado para comunicar a um nível muito mais amplo. A utilização mista destas duas formas de transmissão de dados visa tornar os sistemas fiáveis, flexíveis e escaláveis ao mesmo tempo. A fiabilidade vem do autocarro CAN e a flexibilidade vem das ligações sem fios Bluetooth, como indicado na fig. 16.

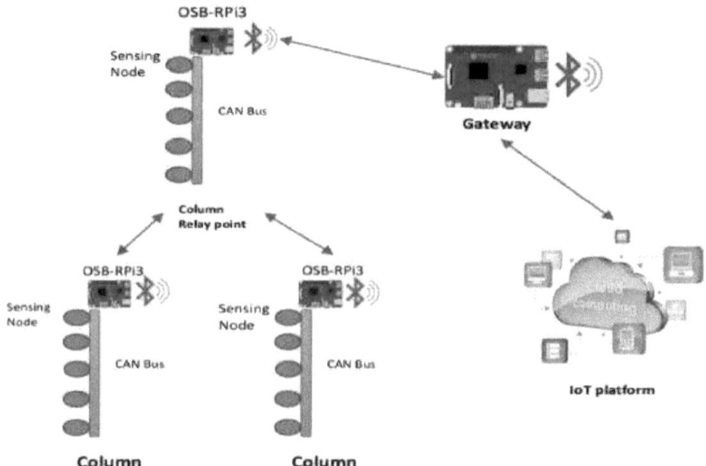

Figura 16. Topologia do Wireless

Este sistema é um conjunto de colunas. Cada coluna realiza um conjunto de medições e operações de processamento de dados. As colunas podem trabalhar num contexto de rede em malha para transportar os dados para uma plataforma de IOT apropriada através de um gateway. Como mostrado na Figura 20, cada coluna é um conjunto de 5 nós de detecção ligados a um CAN Bus que retransmite os dados de acordo com o protocolo "CAN-open" até chegar a uma placa Raspberry Pi3 (RPi3) que funciona como uma placa à superfície (OSB). Entre o autocarro CAN e a OSB, colocámos um conversor CAN/USB. O objectivo do conversor é converter sinais CAN em sinais USB que podem ser vermelhos através de uma das muitas portas USB da RPi3. Isto permite-nos também tirar partido de todas as vantagens da tecnologia USB. Quanto ao uso de bus CAN e protocolo CAN-open, deve-se à alta fiabilidade que oferecem, além do rico arsenal de ferramentas disponíveis e documentação da tecnologia CAN que foi utilizada, testada e investigada intensivamente, especialmente na indústria automóvel há cerca de 30 anos. Por conseguinte, esta tecnologia atingiu um elevado nível de maturidade.

Como placa à superfície, seleccionámos a RPi3 entre outros candidatos, devido às muitas vantagens apresentadas por este novo produto. A RPi3 tem fortes capacidades informáticas, uma vez que utiliza um processador de alta velocidade do tipo ARMv8 quad-core de 64 bits de 1,2GHz. O tamanho da memória do RPi3 é de 1GB e isto tem desempenhado um papel importante no processo de selecção, uma vez que precisamos por vezes de guardar uma quantidade considerável de dados que chegam muito rapidamente e de diferentes nós e colunas. Além disso, a RPi3 implementa o BLE (Bluetooth Low energy standard) que é uma característica muito atractiva no nosso caso, uma vez que procuramos reduzir ao máximo o consumo de energia possível e uma vez que o BLE apresenta uma gama satisfatória com melhor qualidade de comunicação do que a norma habitual IEEE802.15.4 em alguns casos [50]. Outro critério foi o facto de a tecnologia Raspberry também estar madura, com uma comunidade grande e dinâmica que está sempre a fazer testes e a fornecer ajuda e a corrigir bugs.

6.5.Integração e Demonstração Total do Sistema

Os módulos do sistema desenvolvido foram interligados na seguinte
arquitectura, como mostra a figura 17.

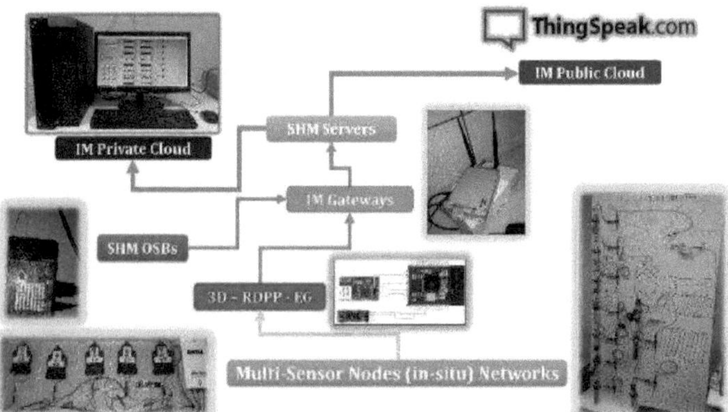

Figura 17. Integração completa do sistema e Arquitectura de Demonstração

Dois destacamentos abrangentes foram feitos no Qatar e em Itália, detalhados
nas respectivas secções.

6.5.1. Integração e Demonstração do Sistema de Alerta Precoce SHM em Brescia

Quatro sistemas EW foram implantados em Brescia em diferentes configurações
em dois locais durante 1 ano mencionados no UB_appendix.

1. UB-Brescia Local da ponte municipal (figura 22)
2. UB-Brescia Rail Tunnel Bridge Site (figura 23)

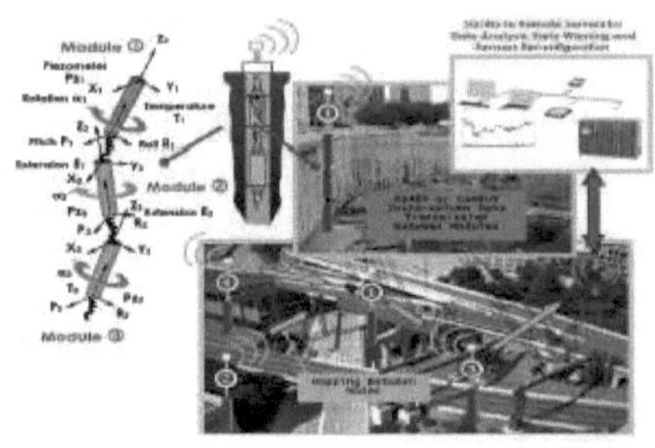

Figura 18. Visão geral do Plano do Sítio da Ponte Municipal UB-Brescia em Brescia.

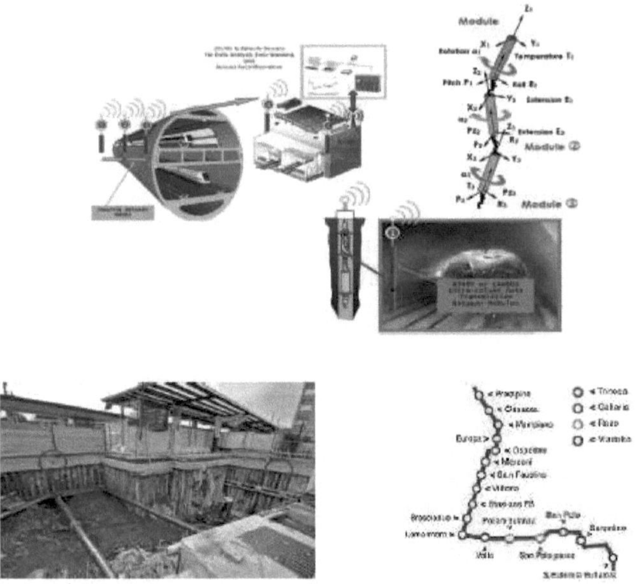

Figura 19. Visão geral do Plano do Sítio da Ponte Ferroviária UB-Brescia em Brescia.

Encomendou um sistema homogéneo e funcional que serviu um duplo objectivo: a) verificar as tecnologias e técnicas propostas para o alerta precoce/monitorização subterrânea, monitorização estrutural da saúde, alimentação do sistema, tecnologias de sensores, e protocolos/algoritmos de rádio, e b) conduzir uma campanha de medição. Este objectivo foi focado:

3. Compatibilidade e integração dos módulos de colunas instrumentais desenvolvidos, sensores e o servidor de rádio/gateway/remote. Nesta fase, os vários blocos deveriam ter passado por ciclos de testes e melhorias na Universidade do Qatar e na Universidade de Brescia.

4. Campanha de medição: o sistema será implantado durante pelo menos três meses debaixo do solo em locais seleccionados no Qatar (existentes ou a construir). A base de dados de medições será processada e comparada com os níveis de SEGURANÇA para dar uma abordagem de alerta precoce em primeira mão. O sistema registará dados durante períodos mais longos.

6.5.2. Integração e Demonstração do Sistema SHM de Alerta Precoce em Doha

Wehadmade3-deployments em QU para medição de dados de 1 ano com um resumo dado abaixo na fig. 20.

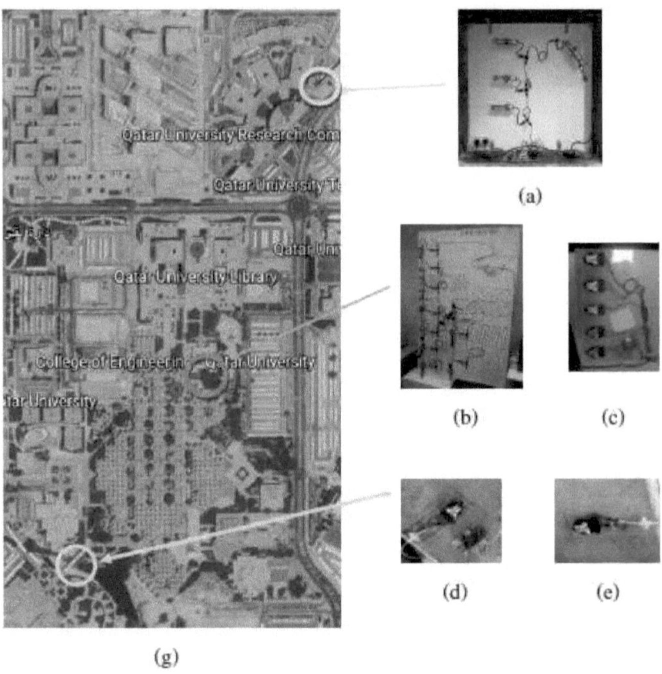

Figura 21. Estudo de caso: Detalhes de implantação dos sítios QU IM listados como (a) sítio H10 IM com 4 CSNs e 1 SSN; (b) Laboratório B09 com 10 CSNs no suporte IM; (c) Laboratório B09 com 5 SSNs na mesa; (d) OSB e um sítio de ponte SSN QU; (e) sítio de ponte SSN QU; (f) IDU para sítio de ponte QU montado no lado interior da parede de fronteira de C05; (g) Visão geral no Google Maps para sítios QU SHM.

- Ponte C05 com cinco nós de inclinação bi-axial implantados sob a ponte equidistantemente foi o segundo local, ligado através do terminal Wi-Fi de longo alcance CISCO instalado no C05 para acesso à Internet, os nós foram ligados com resistência multi-gotas de 120ohm com conversor CANopen para USB ligado à OSB foi remendado e colocado em mesa de trabalho no Lab106A e estava continuamente a guardar dados na base de dados SQLite, ThingSpeak Gateway, e ThinkSpeak Mathworks Cloud.

- O B09-Lab-106A foi o terceiro local do sistema SHM com 7 inclinómetros,

2 acelerómetros, e um medidor de extensão + nós do medidor de pressão ligado com uma resistência multi-gotas de 120ohm com conversor CANopen para USB ligado à OSB foi remendado e instalado verticalmente numa coluna SHM e monitorizado utilizando o LabView on Dell Workstation como banco de ensaio de configuração padrão.

\-   H10-G105 foi o quarto sítio SHM com 3 inclinómetros bi-axiais cilíndricos, 1 acelerómetro bi-axial, e 1 nó de extensão com resistência multidrop de 120ohm com conversor CANopen para USB ligado ao OSB foi remendado e colocado numa mesa de trabalho no Lab106A e estava continuamente a guardar dados na base de dados SQLite, ThingSpeak Gateway, e ThinkSpeak Mathworks Cloud.

Implementámos o cenário apresentado na Figura 24 no laboratório. Uma coluna será utilizada para transmitir dados provenientes de duas outras colunas para o portal, para além dos dados da própria coluna. O portal que consiste numa placa RPi3 irá transmitir para a plataforma IoT (ThingSpeak no nosso caso). Por conseguinte, esta consiste numa rede em malha com um ponto de retransmissão que se liga à nuvem no contexto da IdC. Ao nível do ponto de retransmissão, duas operações precisam de ser implementadas:

1. A coluna deve transmitir os seus dados à OSB no seu topo, para que os dados possam ser enviados directamente ou armazenados num buffer, de acordo com o contexto.

2. A coluna de retransmissão deve receber os dados das outras duas colunas e agregá-los com os seus dados e depois efectuar a operação de envio para que utilizemos a ligação rádio o menos possível, uma vez que as comunicações rádio são um dos principais consumidores de energia no sistema.

O sistema funciona no contexto da consciência energética, ou seja, os nós e a operacionalidade das colunas são controlados de forma inteligente de acordo com a energia disponível para esse nó. Assim, o OSB terá um estado funcional que oscila entre ocioso e o não-ofensivo de acordo com os níveis de energia. Os sistemas utilizarão algoritmos para suprimir a redundância e optimizar a utilização da memória através de métricas comparativas na camada MAC, bem como nas camadas superiores.

Na QU, o sistema foi integrado e implantado em diferentes locais (ponte exterior, construção interior). As diferentes funções estão a ser testadas e finalizadas. Os dados estão a ser transmitidos através da nossa porta privada de acesso à Internet de alta velocidade e da porta pública. Realizámos várias reuniões com peritos responsáveis (engenheiros civis e eléctricos) das instalações e serviços QU (BOD) e decidimos sobre os locais a monitorizar. Estes locais têm sido problemáticos para a CBO (fissuras, deslizamento de terras, e inclinação dos pilares após fugas de água subterrâneas). Os empreiteiros fizeram algumas reparações, mas a QU BOD quis colocá-las sob monitorização contínua e alerta precoce para evitar perdas.

6.6. Sonda de Teste Geo-Sísmico: Simulador de movimento de terra

Consideramos a concepção de uma plataforma de simulação electromecânica programável de quatro graus de liberdade de eventos sísmicos de ondas sísmicas. Esta plataforma é proposta para estudar e experimentar as ondas sísmicas e a realização de terramotos sob a forma de movimentos de terra. Além disso, pode ser programada e interligada através de uma aplicação Web baseada em nuvens IoT. A plataforma foi testada na gama de frequências de ondas sísmicas extremas de 0,1Hz a 178Hz e inclinações terrestres de -5.000 a 5.000, o que é uma contribuição chave deste trabalho. Isto seria um capacitador para uma variedade de aplicações, tais como treino de auto-equilíbrio e calibração de desenhos e estruturas resistentes à sísmica, para além de estudar e testar dispositivos de detecção sísmica. No entanto, serve como colosso de treino adequado para algoritmos de aprendizagem de máquinas e sistemas especializados de gestão de eventos.

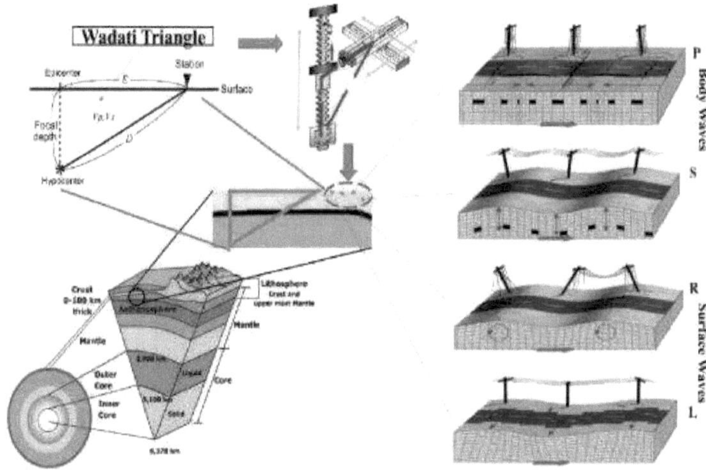

Figura 22. Ilustração de simulação geo-sísmica com mecânica das ondas

Na primeira fase da figura 25 proposta de implementação do conceito, foram estudadas as propriedades da onda P e da onda S, ou seja, frequência, amplitude e velocidade. As frequências foram obtidas usando rotação por minuto, comprimento de onda através da amplitude de vibração por raio de escala da terra R = 6,371 km, ou seja, circunferência, C = 40,075 km. A média do comprimento de onda da onda P, XP = 25km e onda S, XS = 235km, mergulhando-a na contagem mínima de um instrumento de medição C/ X = (1603, 170,5) significa que para GMSP o deslocamento mínimo para a onda P é dP = 1,603cm e a onda S é, dS = 0,17cm para realizar os movimentos de terra comparativos. Para tal, foram seleccionados dois conjuntos de parafusos de chumbo diferentes com motores passo-a-passo com ângulos de passo

1,8° e 5000 RPM, 20 passos por revolução para P- onda para alcançar dP, e 200 passos por revolução para dS.

Figura 23. Montagem Mecânica 4-DOF GMSP.

A montagem desejada foi concebida no AutoCAD como 2D e 3D e dada na Figura 26 como uma plataforma de movimento 4 DOF. As considerações como epicentro e centro sísmico foram tidas em conta na concepção do conjunto mecânico para GMSP. Na Figura 27, é proeminente que um sistema de quatro juntas é alimentado com 4 motores passo-a-passo accionados por 4 motores passo-a-passo A4988 controlados através de um único ESP32. MCS tem dois componentes principais que estão a ser utilizados para o GMSP em geral:

2) SPIFFS (Serial Peripheral Flash File System) para uma interface web para 3 páginas.
3) SSG (Seismic Sequence Generator) para OT A firmware.

O componente HTML e CSS que está a ser usado como frontend para interacção do utilizador é armazenado em SPIFFS e o código principal com Web Server, AP, instruções de controlo do motor, e funções de geração de ondas em C são armazenados como SSG.C.

Figura 24. Layout do Sistema de Controlo de Movimento.

Na figura 24, é proeminente que um sistema de cinco juntas é alimentado com 4 motores passo-a-passo accionados por cinco motores passo-a-passo A4988 controlados por um único ESP32.

7.1.Demonstração completa do sistema e resultados da campanha de medição de 1 ano

de Instalações no Qatar e em Brescia

Os resultados da implantação de sistemas de OE no Qatar, tal como se pode ver na figura 25.

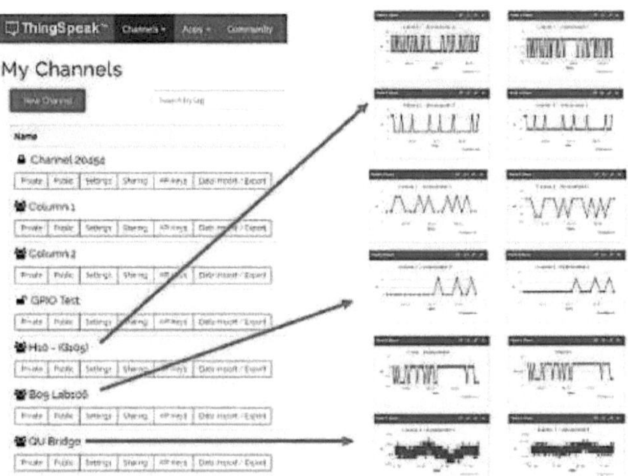

Figura 25. Painel ThingSpeak IoT para 3 sítios no Qatar a partir do portal local

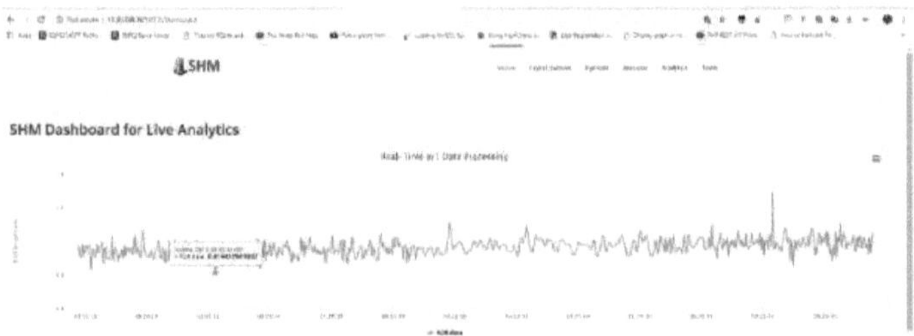

Figura 26. Painel Novela em Tempo Real de Alerta Precoce para 3 Sítios no Qatar de Local

Porta de entrada

Do mesmo modo, em pé de igualdade, quatro sistemas EW foram implantados em Brescia em dois locais diferentes visíveis no gestor do dispositivo Argo IoT na figura 30 e discretamente apresentados com gráficos em tempo real nas figuras 31 e 32.

Figura 27. Argo IoT Suite Device Manager para 2 Sites em Brescia a partir de Cloud

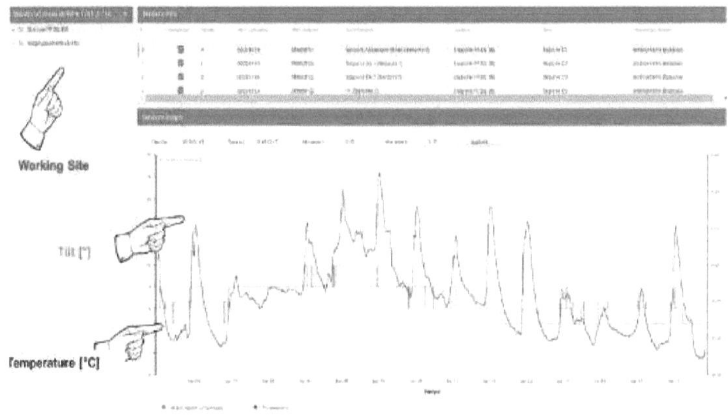

Figura 28. Argo IoT Dashboard para Ponte Municipal de Brescia

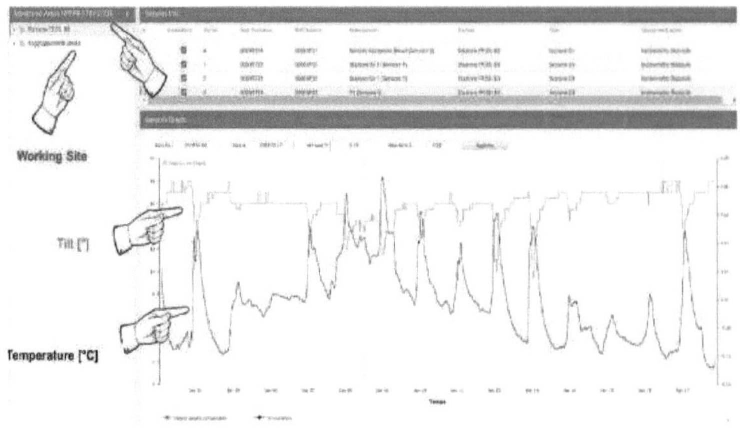

Figura 29. Painel Argo IoT para a Ponte Ferroviária de Brescia

7.2.Campanha de Análise de Dados de Medição no Qatar

Foi apresentada uma análise de dados detalhada dos dados processados no painel de instrumentos da IoT para a Universidade do Qatar, com cada conjunto de dados contendo 80.000 amostras. Estes dados foram recolhidos dos nossos nós de alta precisão colocados em duas posições geoespaciais, ou seja, Lab106A e C05 Bridge Site na Universidade do Qatar, Doha. Dois clusters de dois nós de inclinação com especificações dadas na secção 5.1 (figuras 1, 2, e 3) foram ligados em rede e os seus dados foram recolhidos na nossa base de dados. Para uma análise detalhada, os dados de apenas dois nós com inclinação dos eixos x e y são apresentados nas figuras 30 e 31.

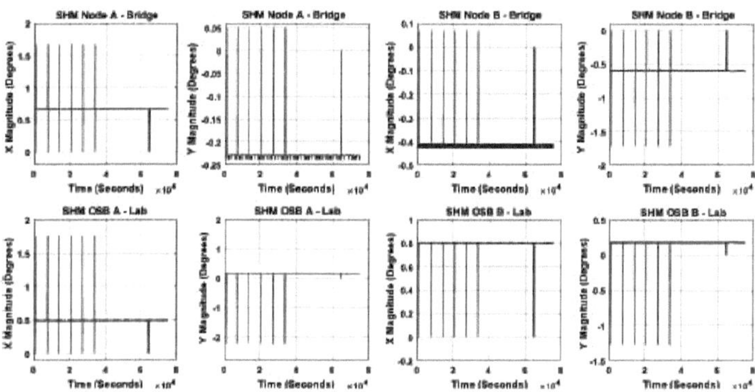

Figura 30. Os dados dos ângulos de inclinação bi-axial foram recolhidos em duas geolocalizações únicas em cinco meses civis (80.000 amostras).

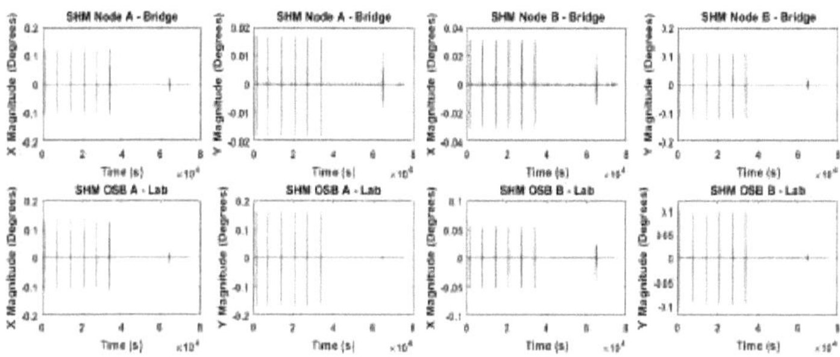

Figura 31. Normalização dos dados dos ângulos de inclinação bi-axial recolhidos em duas geolocalizações únicas em cinco meses civis (80.000 amostras).

Os dados da Figura 31 darão provavelmente falsos alarmes, uma vez que têm compensações, podemos ver que os dados estão centrados a (0,23°, -0,23°) no eixo x e no eixo y para o nó A na ponte, (-0,39°, -0.61°) no eixo x e no eixo y para o nó B na ponte, (0,5°, -0,07°) no eixo x e no eixo y para o laboratório do nó A, (0,8°, 0,23°) no eixo x e no eixo y para o laboratório do nó A na ponte. Na Figura 13, podemos ver que a SWEDA tinha utilizado o método do gradiente relativo para calibrar programmaticamente todo o eixo a 0° para evitar falsos alarmes e assegurar o desempenho preciso dos micro-passos, caso contrário todo o cálculo é inútil.

Além disso, várias técnicas de processamento de dados como cálculo da média, média, análise de frequência, e histograma. Foi seleccionado o foco nos dispositivos incorporados para o histograma do custo mínimo de cálculo.

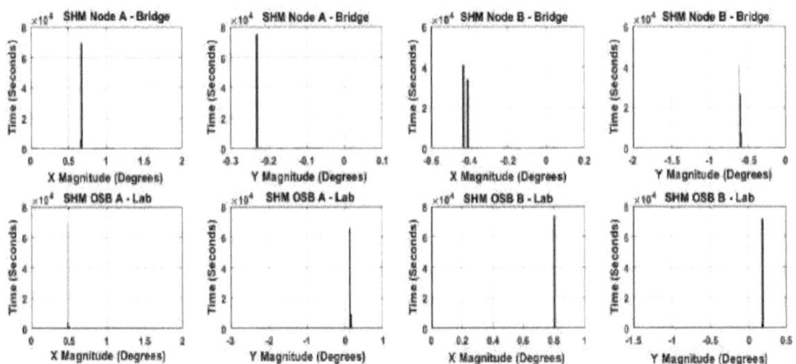

Figura 32. Histograma de dados recolhidos em 2 geolocalizações únicas em 5 meses civis (80.000 amostras).

Na figura 32, é mostrado o histograma de todo o conjunto de dados. Os valores mais frequentes do ângulo de inclinação (MFTAV) no Nó SHM A-Bridge era um ângulo de inclinação do eixo x de 0,67° e um ângulo de inclinação do eixo y de -0,23°. O Nó SHM B-Bridge tinha um ângulo de inclinação do eixo x de -0,42° e um ângulo de inclinação do eixo y de -0,61°. O SHM OSB A tinha um ângulo de inclinação do eixo x de 0,51° e um ângulo de inclinação do eixo y de 0,295°. SHM OSB B tinha um ângulo de inclinação do eixo x de 0,8° e um ângulo de inclinação do eixo y de 0,24°. Além disso, são mostrados os resultados de várias técnicas de processamento de dados, como a média, a média, a análise de frequência, e o histograma. Centrando-se nos dispositivos incorporados para um custo mínimo de cálculo, um histograma foi a operação menos dispendiosa. Os valores mais frequentes são automaticamente atribuídos aos contadores de limiar na SWEDA. A MFTAV contribui para o accionamento da LTA devido à ocorrência máxima no conjunto de dados

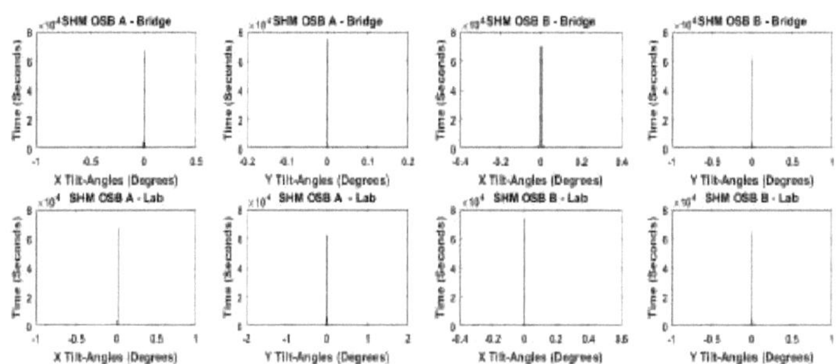

Figura 33. Histograma normalizado de dados recolhidos em duas geolocalizações únicas em
cinco meses de calendário (80.000 amostras).

A figura 33 mostra a eficácia na redução do custo de computação da SWEDA num sentido real para sistemas embutidos, utilizando o histograma após gradiente que mostra que a população de zeros é muito favorável para operações de ponto flutuante por hardware com restrições de recursos como FPGA, SoC, ASICs, Arduino, e Raspberry Pi 3. A SWEDA permitiu 62.000 zeros que melhoraram a eficiência em tempo real em 77,5% (62.000/80.000) em qualquer domínio, seja em tempo ou frequência.

Na Figura 34, a gama aceitável de frequências é mostrada que ajudou a largura de banda de comutação do nosso filtro Butterworth band-pass com um limite inferior de 2 Hz e um limite superior de 48 Hz para extracção optimizada de características na SWEDA. A SWEDA utiliza critérios Nyquist que são pelo menos o dobro da frequência real do sinal. Para detalhar, a SWEDA operou a cinco vezes a frequência dos sinais dos nodos. A eficiência do FFT foi também aumentada em 77,5%.

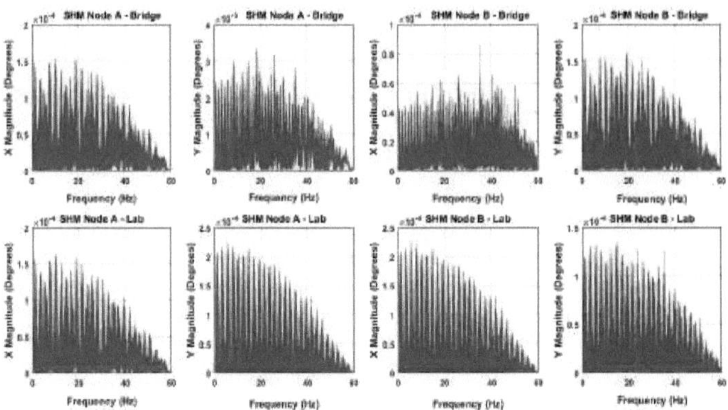

Figura 34. FFT de dados recolhidos em duas geolocalizações únicas em cinco calendários

meses (80.000 amostras).

O primeiro FFT foi calculado para adquirir a gama de frequências em todo o conjunto de dados, tal como apresentado na figura 34. A figura 35 retratou o desempenho do passe de banda de segunda ordem do filtro Butterworth com correcção do gradiente, filtragem do ruído sísmico, e verificação do FFT a partir de variáveis calculadas na figura 35.

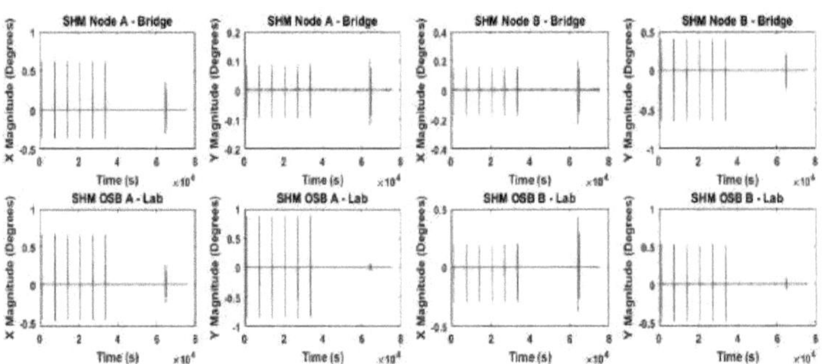

Figura 35. Sinais filtrados com filtro Butterworth (band-pass) (ordem = 2) para dois sítios.

O conjunto de dados processados após o filtro é apresentado na Figura 35. Depois de executar as funções PDS e APMS no conjunto de dados da Figura 22, a SWEDA executou o ciclo SCAGS para armazenar padrões de ondas estruturados únicos. O SCAGS detectou apenas seis ondas únicas que pesquisou na janela STA. Os padrões de ondas aumentam a probabilidade de semelhança percentual com um EPS gerado dinamicamente.

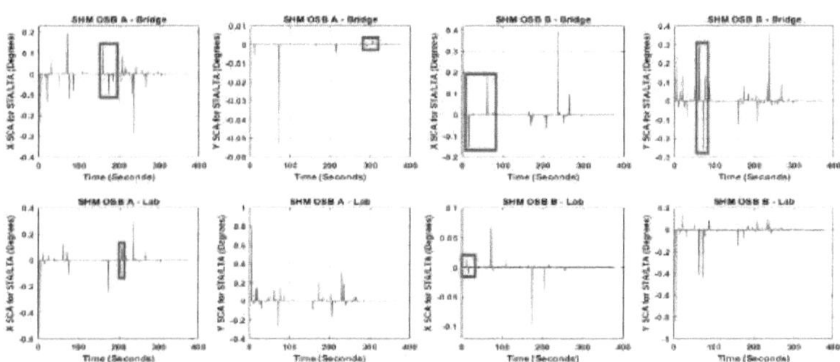

Figura 36. Sequência de detecção de picos (PDS)/sequência de mapeamento de padrões de padrões deutoregressivo (APMS) para SCAG para sinais extraídos para dois sítios (ondas estruturadas mapeadas = 6).

Na figura 36, o PDS exibiu com o tempo um sinal em directo dos dados de montagem da SEWN.

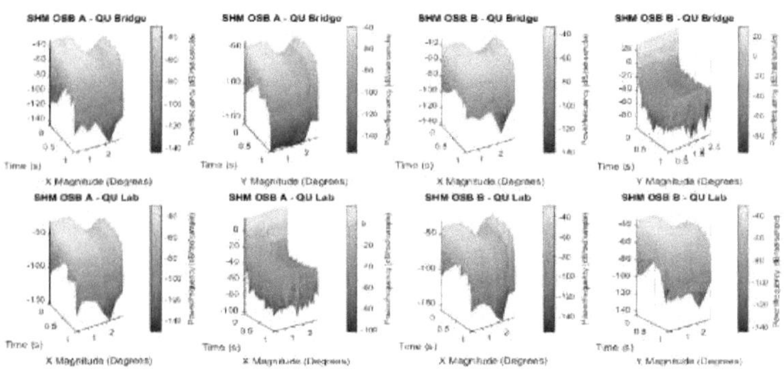

Figura 37. Espectrogramas 3D no domínio do tempo a partir de dois sítios SHM (Ponte QU

e QU Lab).

Na figura 37, é mostrado um espectograma 3D. Ele dá uma imagem clara da verificação cruzada das saídas da SWEDA. A tonalidade laranja mostra que a força máxima do nosso sinal de gradiente é próxima de 0, tal como interpretado pelo SCAGS. Nas figuras 35 e 36 é muito óbvio que a distância 0,2 pico a pico é o aglomerado menos recorrente, o que é prova de um impacto de sazonalidade no nosso conjunto de dados SHM mostrado na lenda amarela. O azul está disperso sob a forma de pequenos segmentos e intervalos regulares, mostrando a estacionaridade no conjunto de dados.

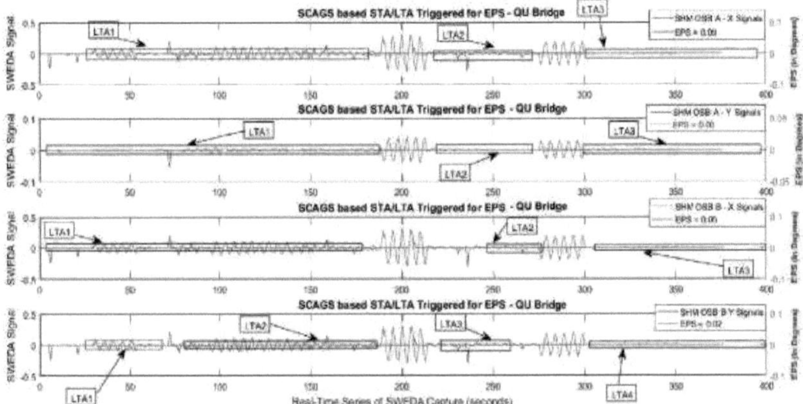

Figura 38. Sequência probabilística de terramotos (EPS) para o conjunto de dados da ponte QU (amostra reduzida a 400).

Na figura 38, a saída final da SWEDA é mostrada para a ponte QU. Cada vez, a SWEDA gerou um EPS diferente para os diferentes nós em tempo de execução para demonstrar a sua capacidade de caracterização ao vivo dada como uma linha vermelha. O conjunto de dados sendo altamente estacionário e existindo apenas LTAs devido ao impacto da sazonalidade tornou muito difícil mapear STAs para P, S, e ondas de superfície, ainda que, de acordo com os dados ao vivo, tenha gerado o seu EPS separadamente para fluxos de dados separados dos sensores. Os valores EPS (0,09, 0,00, 0,05, 0,02) mostram que para a situação actual a semelhança percentual com as ondas sísmicas era de 0,00, uma vez que não foi detectada nenhuma STA das seis ondas armazenadas no SCAGS. Contudo, devido à LTA, existe uma probabilidade extremamente insignificante de um terramoto que pode ser declarada como "sem hipótese".

Na figura 39, a saída final da SWEDA é mostrada para o local da ponte QU Bridge. Os valores EPS (0,01, 0,00, 0,00, 0,00, 0,00) mostram que para a situação actual a semelhança percentual com as ondas sísmicas é de 0,00, uma vez que não foi detectado um único STA a partir das seis ondas armazenadas SCAGS. Quanto maior ou maior for o comprimento da LTA, mais próximo está o sinal de zero. Em qualquer ponto quando o vermelho (EPS) se cruza com o azul (sinal) e a parte se assemelha mesmo a 73%, mapeia uma STA. A ausência de STAs não mostra nem P, nem S, nem ondas de superfície foram detectadas. Pode também reflectir que a onda armazenada é uma anomalia e pode ou não ser qualquer onda sísmica no pior dos casos.

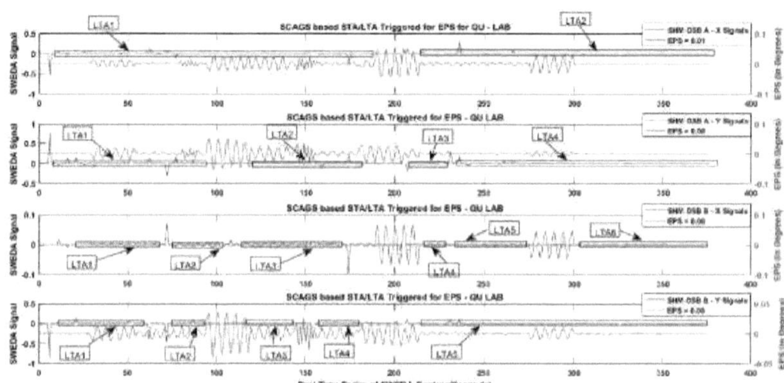

Figura 39. EPS para o conjunto de dados do QU Lab (amostra reduzida a 400).

Nas figuras 38 e 39, a SWEDA não detectou sinais de um terramoto. Na figura 39, um sismo **induzido** foi **testado** in-situ **para o** conjunto de **clusters de** nós sensores foi **seleccionado para testar** o desempenho **da** nossa SWEDA. **Mantendo** uma conta da Equação (1), a STA foi desencadeada a 10 s e registou onze ondas p, a segunda foi desencadeada a 21 s e registou 5 ondas S, e **também a** terceira **foi** desencadeada **e** armazenou 5 ondas de superfície.

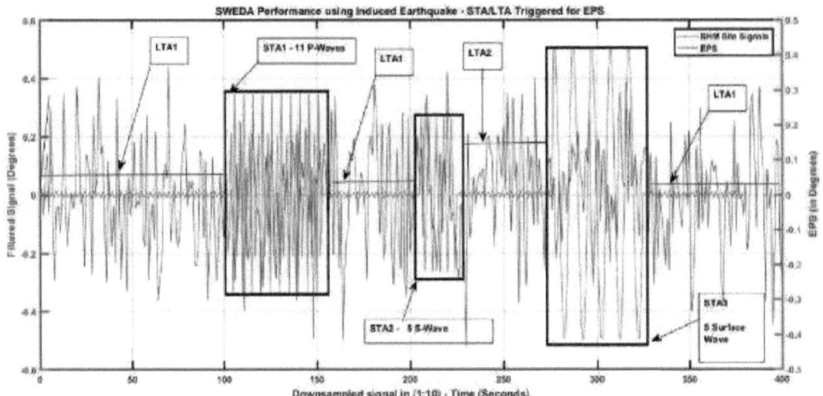

Figura 40. EPS para o conjunto de dados suposto (amostra reduzida a 400).

PDS deu um comando de resolução em escala aos ADCs de 16 bits para 22 bits para conseguir que a taxa de bauds CANopen de 250 kb/s usando 0x03 fosse alterada para 1 Mb/s usando 0x00 SDO. O nó, para ser puramente compatível com a Indústria 4.0, deve maximizar os parâmetros de hardware programáveis e configuráveis. É o requisito mínimo de ter um ADC programável e uma interface de comunicação soft configurável para situações sensíveis ao contexto. Cada nó está apenas a transmitir os fluxos de palavras filtradas em formato binário CANopen payload.

7.3. Formação em Modelos de Aprendizagem de Máquinas para Previsão e Regressão para Dados da Universidade do Qatar

Foi realizada uma análise detalhada para extrair o comportamento da série temporal para as inclinações dos eixos X e Y e foram observadas 18 características.

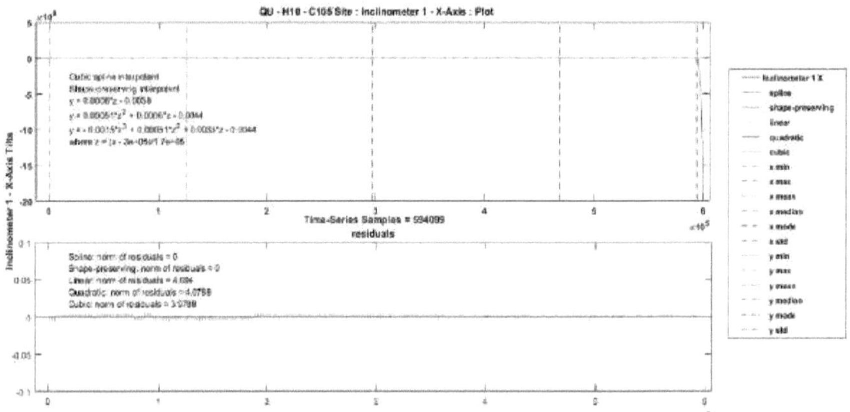

Figura 41. Análise de dados do conjunto de dados de inclinação do eixo X do sítio H-10 (com 60000 amostras).

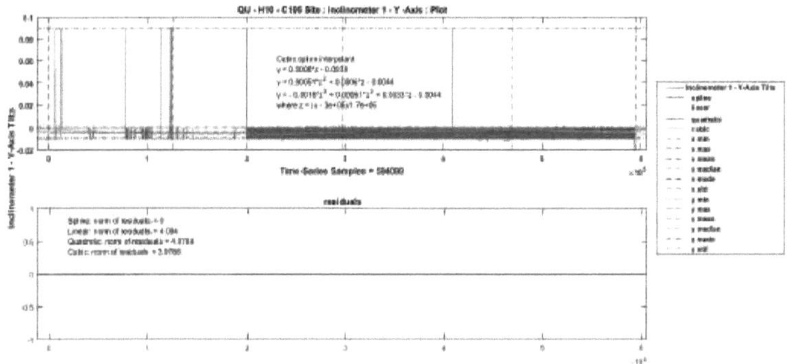

Figura 42. Análise de dados do conjunto de dados de inclinação do eixo Y do sítio H-10 (com 60000 amostras).

Depois dessa cura foi realizada a adaptação para aprender as equações características de X e Y tilts apresentadas como funções de x.

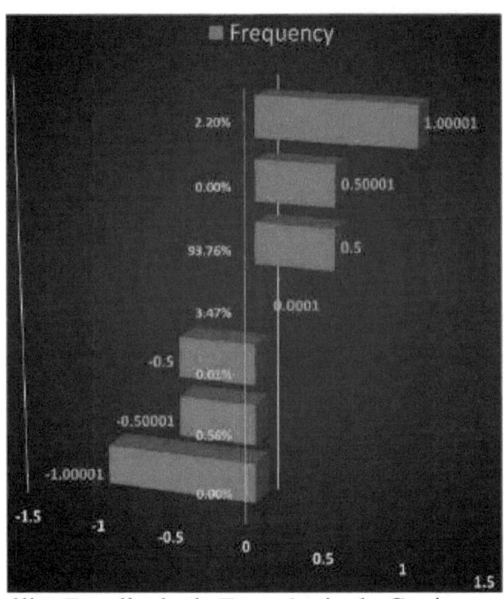

Figura 43. Análise Detalhada da Frequência do Conjunto de Dados H10

Figure 43   apresenta o histograma detalhado ou a distribuição de frequência da campanha de medição de 1 ano.

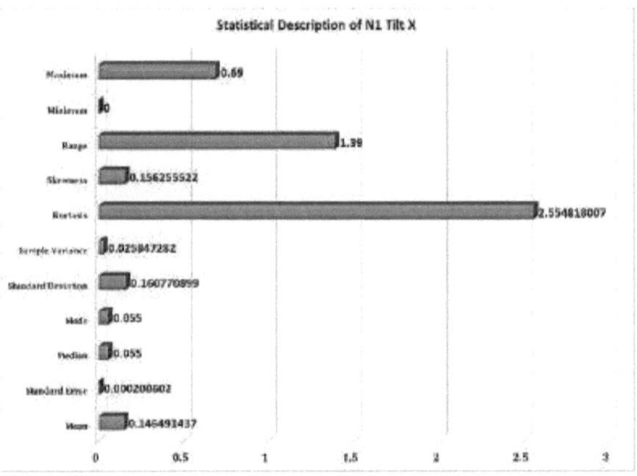

Figura 44. Análise estatística detalhada do conjunto de dados de H10

Figure 44   apresenta a análise estatística detalhada para verificar a sua consistência com o modelo de aprendizagem da máquina para análise de regressão.

7.4.Concepção e implementação de 4- Graus de Liberdade Programável Multi-Paramétrico de Ondas Sísmicas de Simulação de Movimento Terrestre de Ondas Sísmicas Plataforma IoT

O GSMP foi montado para a realização das experiências como mostra a figura 45. A experiência foi montada com um nó de acelerómetro bi-eixo com resolução de 14 bits também concebido e fabricado nos nossos trabalhos anteriores. Para detalhes deste trabalho, ver a publicação original na secção da lista de publicações.

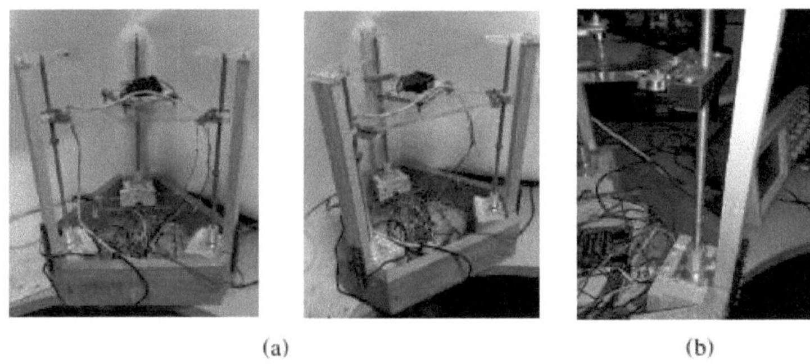

Figura 45. Fotografias de SMA Fisicamente Montadas de GMSP como (a) Duas vistas de Fotografias de GMSP Fisicamente Montadas, e (b) Manipulador de Estação Único (BWT e PWT).

A entrada de parâmetros personalizados para o GMSP para criar ondas sísmicas bem como terramotos de qualquer tipo que cubram a segurança e integridade do sistema motorizado, como se mostra na figura 18. A página 3 cria um ficheiro de comando motorizado no SPIFFS que permanece que lá foi apagado. Estes valores tornam-se as variáveis do lado direito do GRE.

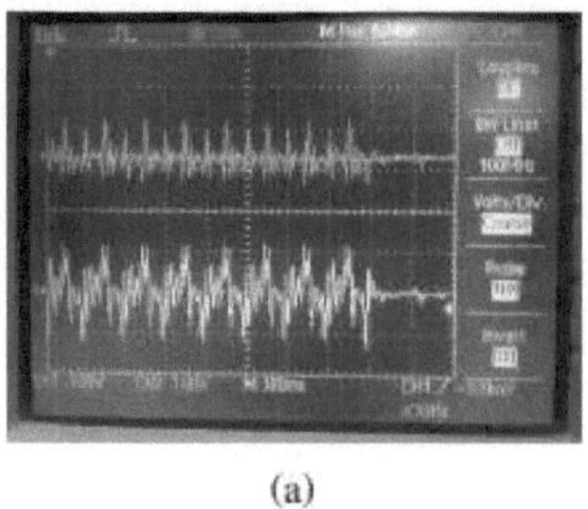
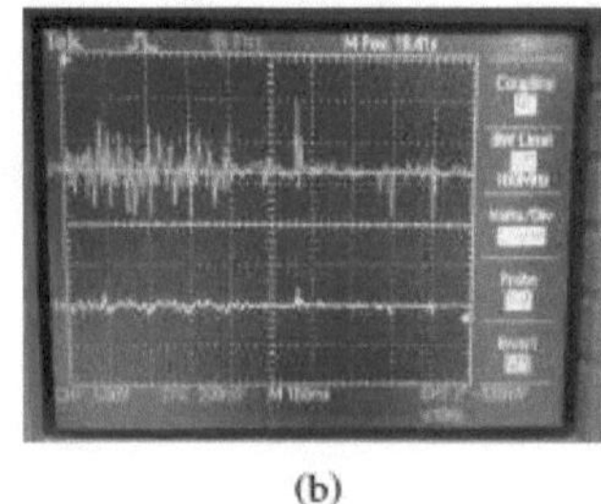

(a)   (b)

Figura 46. Observações de Simulação GMSP da Tektronix 2014 Osciloscópio como (a) Onda P com 10,3mm de comprimento de onda a 8 Hz; e (b) Onda S com 17mm de comprimento de onda a 4 Hz.

Os resultados sobre o osciloscópio são muito auto-explicativos onde a linha amarela é para o eixo x ou movimento vertical e a linha cian para o eixo y ou movimento horizontal. As frequências obtidas pelo sistema são muito precisas, como mostra a figura 46. A crosta da onda P e o canal são muito altos e proeminentes com um tempo de 100ms e o segmento de unidade do osciloscópio $\pm1{,}6$VPK-PK cobre 80% do eixo x como prova da frequência de 8Hz na Figura 46 (a). A onda s está a ser medida nas mesmas configurações, excepto que a divisão da unidade é 200mV, ou seja, um total de 5 divisões no eixo y e uma ligeira variação de ±10mV no eixo x na figura 47(b).

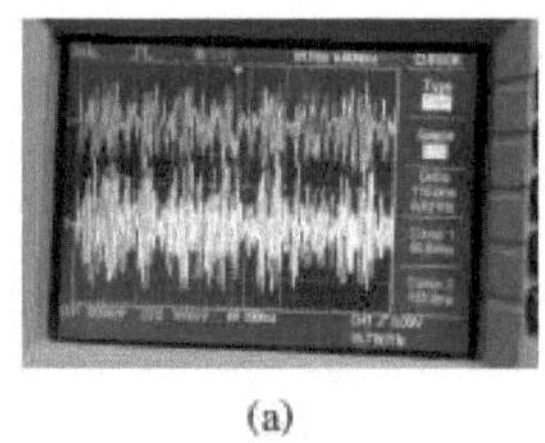
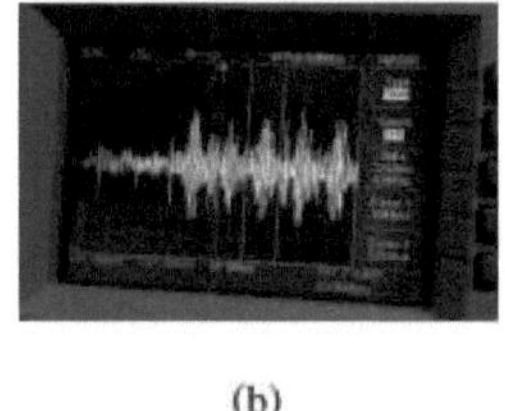

(a)   (b)

Figura 47. Observações da Simulação GMSP observada do osciloscópio Tektronix 2014 como (a) Onda R com comprimento de onda de 16,03mm a 35,73 Hz, e (b) Onda L com comprimento de onda de 1,7mm a 78,092 Hz.

Na figura 47, as frequências que foram alcançadas pelo sistema (ou seja, 35Hz+

e 78Hz+) são extremamente elevadas e mostram a capacidade do sistema de gerar frequências 10 vezes mais rápidas que não foram observadas na literatura anterior para as ondas R e L. O valor 3,57684kHz é devido à vibração interna do motor quando ultrapassado e acelerado até acima dos limites finais e cria muito ruído pseudo-aleatória que pode ser observado no sinal.

Uma observação muito detalhada da figura 47 (a) mostra que o movimento de onda R está a traduzir-se ao longo do eixo x mostrando ±2,5 vPK-PK numa grelha de 500mV, ou seja, ligeiramente mais alto que o eixo y ±2,2 vPK-PK numa grelha de 1V. A figura 47 (b) representa apenas o movimento do eixo z ao alterar a orientação do GHN no leito do GMSP, ou seja, mostrando ±2,1 vPK-PK a uma configuração de grelha de 500mV. Este movimento de superfície é muito mais desafiante de produzir, pois é apenas num eixo medido a CH1 do eixo de repouso TDS2014 que contém apenas ruído.

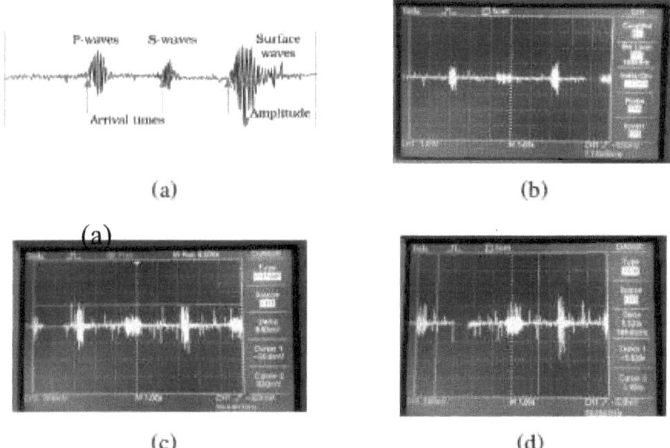

Figura 48. Comparação de Terramoto Característico e Terramoto Simulado como (a) Padrão de Terramoto; (b) Padrão Simulado GMSP; (c) Padrão de Terramoto Médio Gerado GMSP; e (d) Padrão de Terramoto Alto Gerado GMSP.

O GMSP gerou diferentes terramotos ao variar a frequência, bem como a amplitude do isplacement, como mostra a figura 48. O padrão sísmico característico foi utilizado como uma obra-prima para simulação e todos os padrões são mostrados na figura 48 de (a) a (b), através do estudo de diferentes conjuntos de dados mencionados na revisão bibliográfica. A duração de um sismo é de 8s na figura 48 (a), ou seja, de 1s a 9s no âmbito, chegada de ondas P após 2s, ondas S após 4s, e ondas de superfície após 6s. Dois terramotos na figura 48 (c) com uma duração de 5,5 segundos sem intervalo, ou seja, de 1,5s a 6s para o primeiro e 6s a 10s para o segundo terramoto com uma amplitude de onda P de 100mV, 320mV para a onda S, e 505mV para as ondas de superfície. Os números 7,73085kHz, 88,6411kHz, e 89,6924kHz devem-se ao facto de o ruído pseudo-aleatória produzido pelos motores de passo ser um domínio de investigação diferente na engenharia electromecânica.

7.5. Implementação e Peças Experimentais: Implementação de sensores e colunas no Município de Brescia Itália

Durante o desenvolvimento do projecto NPRP8, o primeiro demonstrador foi instalado em condições reais de funcionamento. A Câmara Municipal de Brescia, em colaboração com a Universidade de Brescia, iniciou a monitorização à medida na estação ferroviária de Brescia. O objectivo era verificar a estabilidade dos trabalhos de renovação do metro de frente para os carris do comboio (a estabilidade do muro de frente para os carris do comboio era o parâmetro primário a ser verificado segundo a segundo). A monitorização detalhada foi realizada utilizando os sensores desenvolvidos no projecto NPRP8. Os dados e os resultados da monitorização realizada foram relatados em relatórios provisórios anteriores ilustrados no QNRF durante os meses do projecto. O local foi concluído no final de 2018 e a instrumentação foi parcialmente recuperada, enquanto parte da mesma foi parar às paredes de retenção e depois deixada no local. Nestes últimos 6 meses, abrimos uma discussão com a Câmara Municipal de Brescia para encontrar um novo local de trabalho para testar uma nova revisão (ou seja, REV 2) dos nossos protótipos NPRP8 (o REV1 foi testado no local de trabalho anterior, de acordo com o Relatório Intercalar carregado no sítio QNRF). Uma nova área de construção foi planeada para Abril de 2019 (o local de construção de um novo edifício de hospitalidade estudantil no Campus da Universidade de Brescia). Como resultado do atraso no início das obras, decidimos, portanto, continuar a campanha de testes nos nossos laboratórios. Com base no acima exposto, no período de extensão, trabalhámos nos seguintes aspectos:

- Secção 1) Fabricou novos elementos para o processo de validação do sistema;
- Secção 2) Efectuou teste de estabilidade, teste térmico, e análise de efeitos cruzados com estatísticas associadas;
- Secção 3) Estudou um potencial PI no seguinte, vamos detalhar secção por secção.

7.5.1. Fabricou novos elementos para a validação do sistema

Fabricámos ambos os elementos da coluna conforme a Figura 1 e sensores de inclinação autónomos conforme a Figura 28. Parte dos sensores foi enviada para Doha, enquanto as restantes partes foram testadas dando resultados de acordo com a secção 2).

7.5.2. Realizado teste de estabilidade, teste térmico, e análise de efeitos cruzados com estatísticas associadas

Derivação térmica antes e depois da compensação

Esta análise experimental visava comparar a deriva térmica recolhida numa amostra de 50 peças antes e depois do procedimento de compensação térmica. Na figura 30 e na figura 54 é relatado o comportamento da deriva térmica dos eixos X e Y sem compensação.

Estabilidade em 120 dias

Esta análise experimental visava recolher os sinais dos eixos X e Y durante 120 dias de campanha de medição sobre uma amostra de 50 peças em condições de ambiente sem deriva térmica. Nas Figuras 55, 56, 57, e 58 os resultados são relatados.

Compensação do eixo transversal:

A sensibilidade do eixo cruzado mostra a inclinação perpendicular ao sinal. Este erro é causado por um erro de montagem do elemento sensor e do elemento da coluna real. Em aplicações que necessitam de informação precisa sobre o posicionamento da inclinação do plano.

Os resultados das realizações no período de extensão são exibidos nas figuras 52~61 do ponto de vista de fabrico e compensação de temperatura.

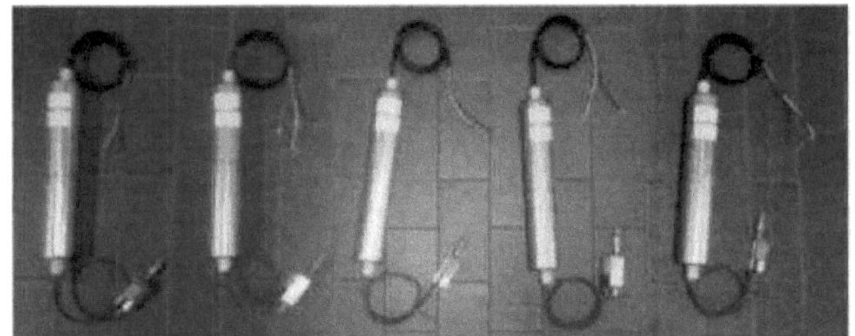

Figura 49. Exemplo de elementos das colunas enviadas para Doha
[Universidade do Qatar].

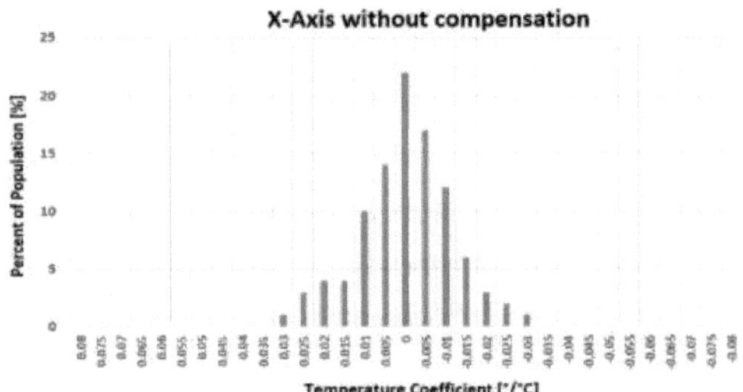

Figura 51: Lote de Tiltsensor sem compensação do eixo X

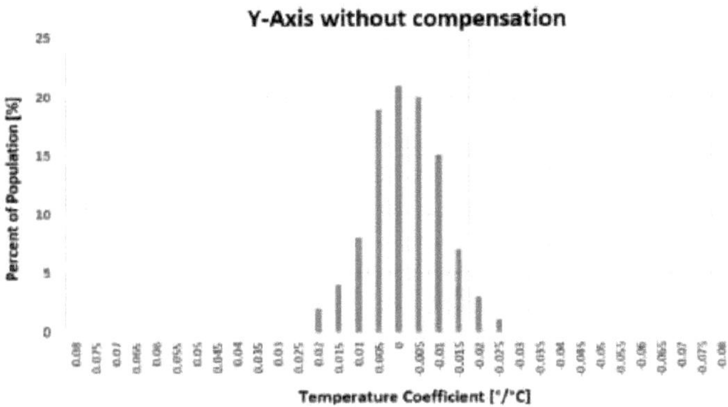

Figura 52. Lote de Tiltsensor sem compensação do eixo X

O erro cruzado pode causar inexactidão. A inexactidão devida à sensibilidade do eixo cruzado no posicionamento plano foi compensada na aplicação. Dando um exemplo de soluções possíveis, para compensar o erro no eixo X, é necessário utilizar a seguinte abordagem:

1. Medir a sensibilidade do canal X na direcção do eixo Y

2. Medir a sensibilidade do canal em Y na direcção do eixo Y

3. Calcular a sensibilidade do canal X na direcção do eixo Y

4. Calcular a sensibilidade do canal em Y na direcção do eixo Y.

5. Medir as saídas dos canais X e Y.

6. Calcular o ângulo de inclinação α do plano na direcção do eixo Y, utilizando a informação de saída do canal em Y

7. Compensar o erro de eixo cruzado a partir do valor medido da saída do canal X β usando a equação abaixo

8 Conclusões

A sustentabilidade nacional e a confiança do Qatar ou mesmo de todos os cidadãos estão dependentes das infra-estruturas e bens estatais que definem a sua sobrevivência e qualidade de vida. Um sistema de alerta precoce proactivo e fiável é o mensageiro mais fiável e seguro para os ministérios do desenvolvimento e planeamento para defender as agências de gestão de desastres na garantia de segurança imediata das infra-estruturas estatais. Este trabalho constituiu um sistema de alerta precoce abrangente para os bens e recursos nacionais como prioridade nacional obrigatória do Qatar e preocupação pelos seus cidadãos. Os resultados específicos são os seguintes:

1. Desenvolveu novos nós de sensores SHM interfaciais para o protocolo CANOpen de barramento padrão industrial

2. Concebidas e fabricadas com sucesso colunas instrumentais SHM com estratégias avançadas de detecção, computação e comunicação intra-coluna.

3. Concebida e testada uma placa sem fios exterior para transmissão de dados SHM de coluna para um gateway

4. Desenvolveu um gateway privado IoT para transferência de dados para um servidor de nuvem.

5. Placa mãe Gateway concebida resiliente para redundância dupla de Interfaces com fios multiprotocolo.

6. Painel de controlo IoT/Edge em tempo real para Coisas/Nós geo-distribuídos

7. Desenvolveu a plataforma web SHM Expert System para integração na nuvem.

8. Desenvolveu uma plataforma mecânica (Test rig) para simulações geo-sísmicas e técnicas de análise de dados (por exemplo, ML) de teste e validação.

9. Encomendou um sistema SHM funcional de pleno direito melhorado com gateways e servidores de aplicações IoT e Cloud computing.

10. A abordagem de detecção em rede utilizando o protocolo CANopen tornou-a altamente compatível com os sistemas existentes de segurança de infra-estruturas e de gestão de edifícios à escala urbana.

11. Os sistemas implantados serviram um serviço importante e educaram os proprietários de bens no Qatar e em Itália sobre a rentabilidade e a utilidade do desenvolvimento precoce

arquitectura do sistema de alerta e ergonomia confiada.

12. O sistema desenvolvido SHM foi implantado em 7 locais (3 no Qatar e 4 em Itália), e serviu como uma iniciativa piloto para a monitorização regional de activos e alacridade de investimento em negócios de segurança de infra-estruturas e importância dos sistemas de alerta precoce.

13. O sistema está actualmente implantado no Edifício H10 do Complexo de Investigação da Universidade do Qatar para monitorização de fissuras e deslizamentos de terras e inclinação das paredes.

14. O fim do projecto realizado na QU deixou um impacto positivo e uma maior consciência da capacitação tecnológica para melhorar a preservação de bens e a redução de riscos. Os participantes foram utilizadores finais tais como Public Authority Works, MME, QMIC, e outros...

15. Os sistemas implantados na Universidade do Qatar invocaram uma sensação de enormes implantações e vestimentas em sistemas de alerta precoce para todos os ministérios, bem como empresas Q à escala urbana, e mandataram o legislador para as portarias de sistemas de detecção em tempo real.

O nosso trabalho estabeleceu novos horizontes para o geoprocessamento, aprendizagem de máquinas, monitorização inteligente de condições, e conhecimento de eventos naturais a partir de aspectos financeiros, tecnológicos, e intelectuais.

Bibliografia

[1] R. Ditommaso, M. Mucciarelli, S. Parolai, e M. Picozzi, "Monitoring the structural dynamic response of a alvonry tower: comparing classical and time-frequency analyses", *Bulletin of Earthquake Engineering*, vol. 10, no. 4, pp. 1221-1235, 2012.

[2] C. Poon e C. Chang, "Identificação de estruturas elásticas não lineares utilizando modos de decomposição empíricos e modos normais não lineares", *Smart Structures and Systems*, vol. 3, no. 4, pp. 423-437, 2007.

[3] M. Demetgul, V. Senyurek, R. Uyandik, I. Tansel, e O. Yazicioglu, "Evaluation of the health of riveted joints with active and passive structural health monitoring techniques", *Measurement*, vol. 69, pp. 42-51, 2015.

[4] W. Staszewski, S. Mahzan, e R. Traynor, "Health monitoring of aerospace composite structures-active and passive approach", *Composites Science and Technology*, vol. 69, no. 11-12, pp. 1678-1685, 2009.

[5] C. R. Farrar, S. W. Doebling, e D. A. Nix, "Vibration-based structural damage identification", *Philosophical Transactions of the Royal Society of London. Série A: Mathematical, Physical and Engineering Sciences*, vol. 359, no. 1778, pp. 131-149, 2001.

[6] A. Rytter, "Vibrational based inspection of civil engineering structures", dissertação de doutoramento, Departamento de Tecnologia de Construção e Engenharia Estrutural, Universidade de Aalborg, 1993.

[7] S. Mukhopadhyay e I. Ihara, "Sensores e tecnologias para monitorização da saúde estrutural: uma revisão", em *New developments in sensing technology for*

structural health monitoring. Springer, 2011, pp. 1-14.

[8] A. B. Noel, A. Abdaoui, T. Elfouly, M. H. Ahmed, A. Badawy, e M. S. Shehata, "Monitorização estrutural da saúde utilizando redes de sensores sem fios": A comprehensive survey", *IEEE Communications Surveys & Tutorials*, vol. 19, no. 3, pp. 1403-1423, 2017.

[9] W. Yang, B. Fang, Y. Y. Tang, J. Qian, X. Qin, e W. Yao, "A robust inclinometer system with accurate calibration of tilt and azimuth angles", *IEEE sensors journal*, vol. 13, no. 6, pp. 2313-2321, 2013.

[10] J. C. Choi, Y. C. Choi, J. K. Lee, e S. H. Kong, "Miniaturized dual-axis electrolytic tilt sensor", *Japanese Journal of Applied Physics*, vol. 51, no. 6S, p. 06FL13, 2012.

[11] D. Ha, H. Park, S. Choi, e Y. Kim, "A wireless mems-based inclinometer sensor node for structural health monitoring", *Sensors*, vol. 13, no. 12, pp. 16 090-16 104, 2013.

[12] S. Wijetunge, U. Gunawardana, e R. Liyanapathirana, "Redes de sensores sem fios para monitorização da saúde estrutural": Considerations for communication protocol design", em *2010 17th International Conference on Telecommunications*. IEEE, 2010, pp. 694-699.

[13] X. Hu, B. Wang, e H. Ji, "A wireless sensor network-based structural health monitoring system for highway bridges", *Computer-Aided Civil and Infrastructure Engineering*, vol. 28, no. 3, pp. 193-209, 2013.

[14] Z. Dai, S. Wang, e Z. Yan, "BSHM-WSN: Uma rede de sensores sem fios

para monitorização da saúde da estrutura da ponte", em *2012 Proceedings of International Conference on Modelling, Identification and Control.* IEEE, 2012, pp. 708712.

[15]   J. P. Lynch e K. J. Loh, "A summary review of wireless sensors and sensor networks for structural health monitoring", *Shock and Vibration Digest*, vol. 38, no. 2, pp. 91-130, 2006.

[16]   T. Harms, S. Sedigh, e F. Bastianini, "Structural health monitoring of bridges using wireless sensor networks", *IEEE Instrumentation & Measurement Magazine*, vol. 13, no. 6, pp. 14-18, 2010.

[17]   X. Liu, J. Cao, e P. Guo, "Senetshm: Towards practical structural health monitoring using intelligent sensor networks", em *2016 IEEE International Conferences on Big Data and Cloud Computing (BDCloud), Social Computing and Networking (SocialCom), Sustainable Computing and Communications (SustainCom)(BDCloud-SocialCom-SustainCom).* IEEE, 2016, pp. 416-423.

[18]   N. Xu, S. Rangwala, K. K. Chintalapudi, D. Ganesan, A. Broad, R. Govindan, e D. Estrin, "Uma rede de sensores sem fios para monitorização estrutural", em *Actas da 2ª conferência internacional sobre sistemas de sensores em rede incorporados.* ACM, 2004, pp. 13-24.

[19]   S. Kim, S. Pakzad, D. Culler, J. Demmel, G. Fenves, S. Glaser, e M. Turon, "Health monitoring of civil infrastructures using wireless sensor networks," in *Proceedings of the 6th international conference on Information processing in sensor networks.* ACM, 2007, pp. 254-263.

[20]   J. M. C. da Silva e E. Wheeler, "Ecosystems as infrastructure", *Perspectives in ecology and conservation,* vol. 15, no. 1, pp. 32-35, 2017.

[21]   P. M. Santos, J. G. Rodrigues, S. B. Cruz, T. Louren$_d$ co, P. M. d?Orey, Y. Luis, C. Rocha, S. Sousa, S. Cris'ostomo, C. Queir'os *et al.*, "Portolivinglab: An iot-based sensing platform for smart cities", *IEEE Internet of Things Journal*, vol. 5, no. 2, pp. 523-532, 2018.

[22]   J. Guth, U. Breitenbu cher, M. Falkenthal, P. Fremantle, O. Kopp, F. Leymann, e L. Reinfurt, "A detailed analysis of iot platform architectures: concepts, similarities, and differences," in *Internet of Everything.*   Springer, 2018, pp. 81-101.

[23]   M. Hertlein, P. Manaras, e N. Pohlmann, "Smart authentication, identification and digital signatures as foundation for the next generation of ecosystems", em *Digital Market- places Unleashed.* Springer, 2018, pp. 905919.

[24]   B. Afzal, M. Umair, G. A. Shah, e E. Ahmed, "Enabling IoT platforms for social IoT applications: vision, feature mapping, and challenges", *Future Generation Computer Systems*, vol. 92, pp. 718-731, 2019.

[25]   X. Fafoutis, A. Elsts, R. Piechocki, e I. Craddock, "Experiências e lições aprendidas com a criação de plataformas de detecção de IOT para implementações em larga escala", *IEEE Access*, vol. 6, pp. 3140-3148, 2017.

[26]   R. Gravina, C. E. Palau, M. Manso, A. Liotta, e G. Fortino, *Integração, interconexão, e interoperabilidade de sistemas IoT.* Springer, 2018.

[27]   N. Naik, P. Jenkins, e D. Newell, "Choice of appropriate identity and access management standards for mobile computing and communication", em *2017 24th International Conference on Telecommunications (ICT).*IEEE, 2017, pp. 1-6.

[28] J. E. Luzuriaga, M. Perez, P. Boronat, J. C. Cano, C. Calafate, e P. Manzoni, "A comparative evaluation of AMQP and MQTT protocols over unstable and mobile networks", na *12ª Conferência Anual de Comunicações e Redes de Computadores IEEE (CCNC) de 2015*. IEEE, 2015, pp. 931936.

[29] D. Alghisi, V. Ferrari, M. Ferrari, D. Crescini, F. Touati, e A. Mnaouer, "Single-and multi-source battery-less power management circuits for piezoelectric energy harvesting systems", *Sensors and Actuators A: Physical*, vol. 264, pp. 234-246, 2017.

[30] D. Alghisi, V. Ferrari, M. Ferrari, F. Touati, D. Crescini, e A. Mnaouer, "A new nano- power trigger circuit for battery-less power management electronics in energy harvesting systems", *Sensors and Actuators A: Physical*, vol. 263, pp. 305-316, 2017.

[31] F. Touati, A. Galli, D. Crescini, P. Crescini, e A. B. Mnaouer, "Viabilidade de sistemas de monitorização da qualidade do ar baseados na colheita de energia ambiental", em *2015 IEEE International Instrumentation and Measurement Technology Conference (I2MTC) Proceedings*. IEEE, 2015, pp. 266-271.

[32] C. L. Farid Touati, A. Galli, D. Crescini, P. Crescini, e A. B. Mnaouer, "Environmen- tally powered multiparametric wireless sensor node for air quality diagnostic," *Sensors and Materials*, vol. 27, no. 2, pp. 177-189, 2015.

[33] W. Xu, D. Yuan, e L. Xue, "Design e implementação de sistema comunitário inteligente baseado em thin client e cloud computing", *arXiv preprint arXiv:1409.3092*, 2014.

[34] A. Farseev e T.-S. Chua, "Tweetfit": Fusing multiple social media and

sensor data for wellness profile learning", em *Thirty-First AAAI Conference on Artificial Intelligence*, 2017.

[35] O. Lindenbaum, N. Rabin, Y. Bregman, e A. Averbuch, "Fusão multicanal para detecção e classificação de eventos sísmicos", em *2016 IEEE International Conference on the Science of Electrical Engineering (ICSEE)*. IEEE, 2016, pp. 1-5.

[36] Y. Takase, S. Sako, e T. Kitamura, "Detecção de ondas electromagnéticas ambientais anómalas com base na média diária utilizando o modelo Markov oculto", em *2009 Sexta Conferência Internacional sobre Sistemas de Detecção em Rede (INSS)*. IEEE, 2009, pp. 1-1.

[37] J. Ramirez Jr. e F. G. Meyer, "Machine learning for sismic signal processing": Phase classification on a manifold", em *2011 10ª Conferência Internacional sobre Aprendizagem e Aplicações de Máquinas e Oficinas*, vol. 1. IEEE, 2011, pp. 382-388.

[38] V. Vovk, "Kernel ridge regression," em *Empirical inference*. Springer, 2013, pp. 105-116.

[39] G. Zhao, H. Huang, e X. Lu, "Discriminando terramotos e eventos de explosão por sinais sísmicos com base no classificador bp-AdaBoost", em *2016 2nd IEEE International Conferenceon Computer and Communications (ICCC)*.IEEE, 2016, pp. 1965-1969.

[40] W. Astuti, R. Akmeliawati, W. Sediono, e M.-J. E. Salami, "Hybrid technique using singular value decomposition (SVD) and support vector machine (SVM) approach for the earthquake prediction", *IEEE Journal of Selected*

Topics in Applied Earth Observations and Remote Sensing, vol. 7, no. 5, pp. 1719-1728, 2014.

[41] S. Khalid, T. Khalil, e S. Nasreen, "A survey of feature selection and feature extraction techniques in machine learning", em *2014 Conferência de Ciência e Informação*. IEEE, 2014, pp. 372-378.

[42] I. Guyon, S. Gunn, M. Nikravesh, e L. A. Zadeh, *Extracção de características: fundações e aplicações*. Springer, 2008, vol. 207.

[43] Y.-K. Lai, Q.-Y. Zhou, S.-M. Hu, J. Wallner, e H. Pottmann, "Robust feature classifi- cation and editing", *IEEE Transactions on Visualization and Computer Graphics*, vol. 13, no. 1, pp. 34-45, 2006.

[44] Q. V. Le, J. Ngiam, A. Coates, A. Lahiri, B. Prochnow, e A. Y. Ng, "Sobre métodos de optimização para uma aprendizagem profunda", em *Actas da 28ª Conferência Internacional sobre Aprendizagem Automática*. Omnipress, 2011, pp. 265-272.

[45] A. H. Marblestone, G. Wayne, e K. P. Kording, "Toward an integration of deep learning and neuroscience", *Frontiers in computational neuroscience*, vol. 10, p. 94, 2016.

[46] M. Grinberg, *Flask web development: desenvolvimento de aplicações web com python*. "O'Reilly Media, Inc.", 2018.

[47] Raspberrypi,   "Raspberry   pi   3   modelo   B," https://www.raspberrypi.org/products/raspberry- pi-3-model-b/.

[48]   D.-H. Mun, M. Le Dinh, e Y.-W. Kwon, "An assessment of internet of things protocols for resource-constrained applications", em *2016 IEEE 40th Annual Computer Software and Applications Conference (COMPSAC)*, vol. 1. IEEE, 2016, pp. 555-560.

[49]   S. Pei, J. Van de Lindt, A. R. Barbosa, J. Berman, H.-E. Blomgren, J. Dolan, E. McDon- nell, R. Zimmerman, M. Fragiacomo, e D. Rammer, "Teste em escala real de um edifício de dois andares com paredes de madeira maciça resistente," in*: In: Proceedings, 16th European conference on earthquake engineering. Tessalónica, Grécia: 1-10.*, 2018, pp. 1-10.

[50]   F. Touati, R. Tabish, e A. B. Mnaouer, "A real-time BLE enabled ECG system for remote monitoring", *APCBEE Procedia*, vol. 7, pp. 124-131, 2013.

[51]   F. Touati, H. Tariq, D. Crescini, e A. B. Manouer, "Design and simulation of a green bi-variable mono-parametric SHM node and early sismic warning algorithm for wave iden- tification and scattering," in *2018 14th International Wireless Communications & Mobile Computing Conference (IWCMC)*. IEEE, 2018, pp. 1459-1464.

[52]   F. Touati, H. Tariq, D. Crescini, e A. B. Mnaouer, "Desenvolvimento de protótipo para infra-estruturas, arquitecturas e plataformas escaláveis IoT e IoE", no *Simpósio Internacional sobre Redes Ubíquas*. Springer, 2018, pp. 202-216.

[53]   H. Tariq, F. Touati, M. A. E. Al-Hitmi, D. Crescini, e A. B. Manouer, "Design and implementation of programmable multi-parametric 4-degrees of freedom sismic waves ground motion simulation IoT platform", em *2019 15ª Conferência Internacional de Comunicações Sem Fios e Computação Móvel (IWCMC)*. IEEE, 2019, pp. 1935-1939.

I want morebooks!

Buy your books fast and straightforward online - at one of world's fastest growing online book stores! Environmentally sound due to Print-on-Demand technologies.

Buy your books online at
www.morebooks.shop

Compre os seus livros mais rápido e diretamente na internet, em uma das livrarias on-line com o maior crescimento no mundo! Produção que protege o meio ambiente através das tecnologias de impressão sob demanda.

Compre os seus livros on-line em
www.morebooks.shop

MIX
Papier aus verantwortungsvollen Quellen
Paper from responsible sources
FSC® C105338

FSC
www.fsc.org

Printed by Books on Demand GmbH, Norderstedt / Germany